当代中国

文学书馆

怕，就会输一辈子

骆　宾　编著

中国文联出版社

图书在版编目（CIP）数据

怕，就会输一辈子 / 骆宾编著. -- 北京：中国文
联出版社，2018.3（2023.3 重印）
ISBN 978 - 7 - 5190 - 3526 - 6

Ⅰ.①怕… Ⅱ.①骆… Ⅲ.①成功心理—通俗读物
Ⅳ.①B848.4 - 49

中国版本图书馆 CIP 数据核字（2018）第 039612 号

编　　著　骆　宾
责任编辑　刘利平
责任校对　李海慧
装帧设计　中联华文

出版发行　中国文联出版社有限公司
地　　址　北京市朝阳区农展馆南里 10 号　　邮编　100125
电　　话　010 - 85923025（发行部）　　　　85923091（总编室）
经　　销　全国新华书店等
印　　刷　三河市华东印刷有限公司

开　　本　880 毫米×1230 毫米　　1/32
印　　张　8
字　　数　206 千字
版　　次　2023 年 3 月第 1 版第 3 次印刷
定　　价　78.00 元

目 录

怕，就会输一辈子

Part 5

激发正能量，摆脱负面情绪

Part 6

相信自己，便无所畏惧

Part 7

改变思维方式，转换视角天地宽

Part 10

未来的你，一定会感谢拼命的自己

怕，就会输一辈子

Part 1

走出迷茫，可怕的是心中没有方向

人性最大的悲哀，是走不出心灵的迷茫；最坏的陋习，是丢弃了行进的方向。生活原本很苦，说出来的苦叫作软弱。若哭，只能哭给自己听；若笑，就笑给世界看。欢乐其实不多，埋于心中的苦谓之坚强。活着就是一场寂寞与孤独的修行，无论高尚卑微，都要强烈追逐自己的命运，只有你想要，然后才可能拥有。

脸上常带笑容，就不会有太多的痛苦

你知道吗，内心的快乐跟脸上的快乐有很大的差别。前者能使你充满自信，对人生怀有希望，带给周围人同样的快乐。

脸上的快乐具有消除害怕、生气、挫折感、难过、失望、沮丧、懊悔及不中用的能力。但如果硬是在脸上浮现笑容，无论你遭遇了什么事，都会使你觉得再也没什么比这个更让你难受的了。

要让脸上表现出快乐的样子，并不是说要你不去理会所面对的困难，而是要学会保持快乐的心情，那样你就有可能改变生活中的许多事情。只要你能脸上常带笑容，就不会有太多的行动讯号令你感到痛苦。

一般字典上对快乐下的定义多半是：觉得满足与幸福。德国哲学家康德则认为："快乐是我们的需求得到了满足。"的确，快乐是一种美好的状态，也就是没有不好或痛苦的事情存在，让人觉得个人及周围的世界都挺不错。你该如何才能获得它呢？

1. 主动寻觅、用心追求才能得到

追求快乐之道，有一个大前提，那就是要了解快乐不是唾手可得的。它既非一份礼物，也不是一项权利，你只有主动寻觅、努力追求，才能得到它。当你领悟出自己不能呆坐在那儿等候快乐降临的时候，你就已经在追求快乐的路途上跨出了一大步。怎么样？感觉不坏吧？先别乐，等你走完其他九步之后，你就必能到达快乐的真正境界。

2. 只跟自己比

从我们懂事以后，我们就感受到"成就"的压力，并且这种压力随着年龄的增长越来越强烈。因此年轻人处处想表现优异，以为自己非得十全十美，别人才会接纳自己、喜欢自己。一旦发觉自己处处不如人，就开始伤心、自卑，结果当然毫无快乐可言。

所以你应该以自己为衡量的标准，想想当初起步错在哪里？如今有无进展？如果你真的已经尽了力，那么请相信今天一定会比昨天好、明天会比今天更好。

3. 关心周围的人、事、物

假如你对某些人、事、物很关心的话，那么你对生命的看法一定会大大改观。如果你只为自己而活，那么你的生命也会变得很狭隘，处处受到局限。以自我为中心的人也许会不断地进步，但是却永远不易感到满足。

那么你应该关心什么？又应该关心谁呢？睁开眼睛想一想，我们虽然平凡，但至少可以接学童上下学，为病人念念书，到老人院打打杂，甚至把四周环境打扫干净……只要付出一点点，你就会快乐些。心理学家艾力逊曾经说过："只顾自己的人结果会变成自己的奴隶！"而关心别人的人，不但能对社会有所贡献，更可以避免因为只顾自己而过着枯燥乏味、毫无情趣的生活。

4. 不要太自信，也不能无信心

过分乐观的人总以为自己一定能达成所有的目标，因而忽略了沿途的险恶；极端悲观的人老是认为成功的希望非常渺茫，故而不敢迈步向前。这两种人都因此失去许多机会。

选定目标时，态度要客观，判断要实际，不要太有把握、掉以轻心，也不可缺少信心、畏首畏尾。

5. 步调太急时要放慢一点

你可能从早到晚忙这忙那，像个时钟似的团团转。可是当你停下来思索时，会不会觉得不太舒服、不够满意呢？许多人因为害怕面对空虚，就用很多琐事把时间填满，结果生活的步调绷得太紧，反而得不到真正的快乐。

只有把你所做的事全列出来，删掉那些可以删除的，才能挪出一点空闲的时间，好好轻松一下。闲暇也像一件奢侈品，可以使你感到满足。

6. 脸皮可以厚一点

根据专家调查研究，让人觉得满足的特点之一就是不要太在乎别人的批评，换句话说，就是脸皮要厚一点。不要因为外来的逆流而屈服，也不要因为别人的冷言冷语而伤心气愤，好像自己受了莫大的伤害。你应该反省自身，如果别人的批评是正确的，你就该改进向上；如果批评是不公正的，何不一笑置之呢？也许一开始，你不太能掌握应对批评的对策，你也许会很敏感，也难免会有情绪上的反应，但是你要学习控制自己，因为这种技巧是终生受用的。

快乐的滋味如人饮水，因人而异。能使别人快乐的事物不一定能使你快乐。唯有你自己才知道该如何去追求快乐。可是你要记住：千万别守株待兔！快乐是只狡猾的兔子，你得努力用心去追寻才能得到！

不幸是天才的踏脚石，是弱者的深渊

吃亏就是占便宜。由此可见，失败也是一种成功。不论在工作中还是在商场上，成功必定属于正视失败的人，因为失败乃成功之母。

世界上的事情都具有双重性，失败也不例外。它固然会引起我们的一些不良情绪，甚至给某些人带来一生的痛苦和不幸。但是，如果我们正确地看待失败，用理智控制情绪，以积极的行为方式和顽强的毅力去适应失败和改变失败引发的不良境遇，那么，我们不仅能够战胜失败，保持身心健康，而且还能够学会驾驭失败、化害为利，从而使我们摆脱幼稚，走向成熟，成为生活的强者。正如法国大文学家巴尔扎克所说："不幸是天才的踏脚石，是弱者的深渊。"

纵观历史，多少出类拔萃者之所以能够出类拔萃，就是因为他们面对失败、面对不幸、面对坎坷时没有束手无策，也没有彷徨无奈。他们或是以非凡的勇气和毅力执着地将目标坚持下去；或是在招致挫折的袭击后，黯然一阵，随即又奋起，成为熠熠闪光的搏击者；或是量力而行，及时地转换目标，从而在适合自己的领域里获得成功。

在学习的过程中，失败在所难免，而跌倒之后，决不能躺在地上不起来。你必须站起来，而且不能空手站起来。无论学到什么东西，就是不能空着手！

此外，每个人在迈向人生的目标途中，难免会跌倒，但绝不是被一座山绊倒，而是一时疏忽，因踩到一块小石头而摔跤。

但是，即使跌倒，也要朝向目标；而且，不管你跌得多痛，也要挣扎起来，继续前进。

我们培养起这种心态：把跌倒看成是通往目标途中必然的事，而不是一种不幸。

所以不要只顾躺在地上，想着前途茫茫，道路崎岖；也别埋怨不平的路途害你跌倒，或者怀疑有人陷害；更别因为一点皮肉之伤而叫痛，别因为跌倒一次就畏缩不前。不要忘记，蹒跚学步的小孩儿，都是经过无数次的跌跤才学会走路的。他们跌得多，爬起得快，也更快学会了走路。他们比那些抚伤痛哭、等待护理的孩子强多了。

每一次都要从跌倒中得到一些启发，从失败中学习制胜的道理。

当你学会如何反败为胜，你就能领悟"失败是成功之母"的道理了。

请听听英国著名女作家克莉斯蒂对失败的理解和感受："我想，一个人也许应该回顾他曾经有过的羞辱和痛苦。然后说：'是的，这曾是我生活中的一部分，但这一部分已经结束了，无须再多想它，面对挫折，我们可以轰轰烈烈地挽回败局，也可以平心静气地战胜痛苦。'失败、落泪、痛苦、羞辱都是人生的一部分，过去了就无须在意，要紧的是快乐地生活，快乐地去寻找机会重新生活。"

是的，面对失败，我们无须太过自责，不管是多大的失败、多深的创伤，过去的毕竟过去了。我们要面对未来、面对生活，所以我们要从失败中吸取教训，总结过去，放眼未来。

美国化学家戴维曾说过："我的最重要的发现，是由失败给我的启发。"这句名言，真的是非常值得人们深思。

失误和失败的教训，能令人警醒。牢记教训，寻求新法，以缩短登上成功之巅的进程。试想，如果我们每位青年朋友都能有戴维的"发现"，做一个有心人，收集一下本行业失败的"病例"，那么我们也许就会变得更加聪明，工作的成功率也会大大提高。

学习这种成功之道，应该向有经验的人请教。这是既快速又经济的途径。不过有经验的人难找，所需要的资料也难求。于是，就必须靠自己努力摸索了。首先，在你自己失败的经验中，也许就有不少宝贵的资料。

伟大的汽车发明奇才吉德林曾说："发明家几乎随时都会失败。"他强调发明家难免失败，是因为他自己便尝试过七千多次的失败。失败在所难免，重要的是从失败中吸取教训，从失败中增长经验。

如果因为失败就觉得无脸见人，不敢再尝试，那么，他注定没有出头的机会。由于碰过几次壁便裹足不前的人，也同样难和成功结上缘。其实，失败并不等于毫无所得，失败能让你知道什么是行不通的；失败的经验越多，知道失败的原因也就越多。屡试屡败之后获得成功的人，不但学到了行不通的道理，同时也学会了行得通的方法。

一个人的兴趣越广泛，心理压力就越小

兴趣是保持良好心理状态的重要条件。一个人的兴趣越广泛，适应能力就越强，心理压力就越小。

比如，同样是从领导岗位上退下来，有人因无所事事而郁郁寡欢，充满了失落感；有人则感到"无官一身轻"，充分利用空闲时间看书、写作、绘画、种花、练书法等。可见，拓宽兴趣有助于人们拥有好心情。

一、读书

书，是人类文化遗产的结晶，是人类智慧的仓库。英国学者培根说过："读书足以怡情，足以博彩，足以长才。其怡情也，最见于独处幽居之时；其博彩也，最见于高谈阔论之中；其长才也，最见于处世判事之际。"于是，世人甚爱读书。

读书的妙用：

1. 增长知识

培根曾经说过："读史使人明智，读诗使人灵秀，数学使人严密，物理学使人深刻，伦理学使人庄重，逻辑学、修辞学使人善辩；凡有学者，皆成性格。"读书，能懂历史，明了世界。于是古人云："两耳不闻窗外事，一心只读圣贤书""秀才不出门，尽知天下事"。

2. 陶冶情操

古人曰："腹有诗书气自华。"知识真正成为心灵的一部分，可以显现出内在的涵养。

3. 调整心情

在适合的时间看适合的书。吃饭的时候，适合看杂志；白天能挤出时间的时候，适合看小说；晚上独自一个人的时候，适合看散文、诗词。喜欢读书，就等于把生活中寂寞的时光换成巨大的享受时刻。

在忙碌而焦躁的生活里，在寂寞的风雨交加的夜里，书籍可以给我们的心灵以温暖和充实。

当你遇到烦恼、忧愁和不快的时候，应首先学会自我解脱。可以去读一读或翻一翻你喜欢的书籍和杂志，分散心思，改变心态，冷静情绪，减少精神痛苦。

4. 寻找高尚的朋友和指引

书可以成为一个忠实的朋友、一个良好的导师、一个可爱的伴侣和一个委婉的安慰者。

雨果曾经说过："各种蠢事，在每天阅读好书的情况下，仿佛烤在火上一样，渐渐熔化。"

心灵是智慧之根，要用知识去浇灌。只有这样，才能在生活中运筹帷幄，决胜千里，才能指挥若定、潇洒自如。如范仲淹"胸中自有十万甲兵"，如诸葛孔明悠然抚琴退强兵。

二、看看童话

当人们的心理状态趋于不平衡时，常常会出现烦躁、紧张、苦闷、愤怒、猜疑、忧郁等情绪。通过阅读童话来调节自身情绪是一种行之有效的方法。

当然，童话能消除人的烦恼、调节人们心理的不平衡，主要是依赖于心理防御机制中的运行机制。毕竟，我们不能一直沉溺在童话所创造的美丽世界中。

童话是为儿童创作的，所以它的内容单纯、质朴、生动、活泼和理想化。当成人们阅读童话时，往往也会被作品中的童心和美好的理想感染，唤醒童年沉睡的记忆。同时，作品中描写的富有灵性的花鸟鱼虫等各种动物，以及天真可爱的白雪公主、灰姑娘……都在人们的心中引起强烈的美感。这样人们便超越了自己的处境进入了另一个世界中去，心理上的压力被释放了，心情舒畅无比，从而达到了一种心理上的平衡，精神也变得愉快、振作和积极了。当然，有的人再重新回到现实中的时候，似乎感到有碍心理平衡的事物仍然存在，但在此时，人们已经能用一种崭新的心态来对待它了。

此外，童话教会我们用简单的视角来看问题。有时候，我们往往被许多自认为复杂的事情弄乱了手脚，反而看不出简单的道理。

三、听歌

音乐疗法是治疗心理疾病的一种有效方法。古今中外都有音乐能疗疾之说。音乐可以陶冶情操，人可以从音乐中获得力量。听歌不仅是一种美的享受，还能调节人的情绪。当心情沮丧、闷闷不乐时，听听歌曲，不仅可以享受到一种美的艺术，还可以陶冶情操，激发热情，兴奋大脑，使你从中获得生活的力量和勇气。

挺胸、扬眉、谈笑风生

生活中，每个人都难免产生悲哀、失败、内疚等负面情绪。或许，你心爱的人儿刚刚离你远去；或许，你被迫离开了你所喜爱的工作岗位；或许，你所钟爱的独生子得了小儿麻痹症；或许，你从你认为最可能成功的事情上败下阵来……这一切会使你无法喘息。我们中间有谁能不受失败、悲哀和失望等情绪的冲击，而平静地到达生命的终点呢？

最糟的事情莫过于当这些危机和失望情绪来临时，找不到摆脱的办法，而是采用种种逃避的方法——借酒消愁，养成毫无意义的嗜好，或者干脆无精打采地消磨时光。如果一直这样下去，将是"借酒消愁愁更愁"，并形成"受挫型萎靡症"。这会像麻疹一样，周期性地侵袭人们的身体，使你的精神全面崩溃。

如果你遇到失望的情绪，最好的解决方法是使劲站起来。因为我们身体中的每一个细胞都是为了在生命中奋斗而存在的。为了驱散失望的情绪，就要爽朗行事；行动要自信，不是愁眉不展，而要挺胸、扬眉、谈笑风生。开始的时候，这是需要勇气和毅力的。在绝望的时候，则可以不断地重复："我能再试一次！"

下面介绍几种战胜失望情绪，重新恢复元气的方法。

一、找出原因，对症下药

在遇到失望情绪的时候，就需证实一下自己是否真正遇到了挫折，并找出产生这种情绪的真正原因。自己冷静下来想一想：在人际关系中是否有担心的事，导致不能埋头工作？家庭中是不是关系不和或经济拮据？身体是不是有什么不舒服的地方？或者是无缘无故地士气低落？

只要自己提出这类问题并做出答复，就能对症下药。如果是在人际关系中处理不当，得罪了某位人物，则可以找出问题所在，并判断是否无关紧要。进而想一想可否挽救，挽救的途径有哪些。接下来就是按最佳的方案付诸行动。如果是身体不舒服，可找医生看一看，究竟是什么毛病？一般的小病取一点药吃自然会好的。假如你不相信这个医生，还可以另找一位医生复查。只要不是不治之症，问题就很容易解决。万一你很不幸，患的是癌症，医生也许会告诉你还有多久的日子。

15世纪荷兰教堂废墟内有一篇警世名言："事情既然已不可改变，就要勇敢而愉快地接受。"

海伦·凯勒之所以成为与拿破仑齐名的女人，是因为她被盲聋缠身却没有沉沦，而是以无比顽强的毅力战胜了困难。她说："心残比身残还要可悲。"

总之，你的挫折来自精神，我们要在卸掉精神包袱上下功夫。

二、善于不断地鼓励自己

王锋是一个非常自信的青年。大学一年级时数学成绩只有60多分，排在全班最后几名，一时惭愧得提不起精神，心情十分烦闷。

但他很快又恢复了正常，精神抖擞地出现在大家面前。他靠的就是自我鼓励：相信挫折只是暂时的，相信自己最终能成功。他从心里驱逐了失败，想到未来的成功，也相信未来会成功。

有的人通过语言暗示——"留得青山在，不怕没柴烧"等劝慰和鼓励自己，有人反复地默诵自己的名字，这些对于驱散沉闷、恢复士气有魔术般的效果。你不妨也试一试。

三、以幽默面对失败

你的妻子也许不小心丢失了 1 万元，这对你来说可是一笔大数目，自然使你的情绪不好。但你是否因此而责怪你的妻子呢？要知道，此时你的妻子比你更伤心，她的精神再也受不起半点打击了。

这时，最能帮上你忙的就是幽默，让幽默的力量来帮你把烦恼驱赶或减轻。你可以对你妻子说："丢了也好，免得它叫我们整天提心吊胆。"

这里不是叫大家都把钱丢了，而是找不回来时采取的解脱方法。如果你能把幽默的力量投入其中，那么一切的失败和失望都变得无足轻重了。

四、重新回到生活

心理学告诉我们，生活环境对人的情绪、情感起着重要的影响和制约作用。素雅整洁的房间、柔和的光线，使人产生恬静、舒畅的心情。相反，昏暗、狭窄、肮脏的环境，给人带来压抑和不快的情绪。失望的情绪更需要宁静而充满朝气的环境。比如到外面走走、看看美景、散散心，大自然充满生机的美景，能不断地唤起人们对生活的热情。杰克·伦敦的《走向生活》里的主人翁，在冰天雪地的包围之中，几乎绝望了，但他凭着坚定的信心和无与伦比的勇气，重新唤起了对生活的欲望，他知道他不能死，他要活下去。

重新回到生活会使你在与众人的接触中得到更多的爱。通过别人的帮助或援助需要援助的人，可使你的心情为之一振，重新获得高昂的热情。穿上整齐的衣服，整理一下装束，也能使你的情绪为之一振。

若你真的遇到了失望的情绪,以上介绍的几种方法你不妨试一试。相信你自己的价值,相信奇迹能够发生。曾陷于极度迷惘和困境中的人,一旦摆脱了困境,得到的会是意想不到的欢乐和无穷的力量。

做生活的主人,做情绪的主人

大多数人都有过受累于情绪的经历。似乎烦恼、压抑、失落甚至痛苦总是接二连三地袭来,于是频频抱怨生活对自己不公平,企盼某一天欢乐从此降临。其实,喜怒哀是人之常情,想让自己生活中不出现一点烦心之事几乎是不可能的,关键是如何有效地调整并控制自己的情绪,做生活的主人,做情绪的主人。

许多人都懂得要做情绪的主人这个道理,但遇到具体问题时却总是逃避,"控制情绪实在是太难了",言下之意就是"我是无法控制情绪的"别小看这些自我否定的话,这是一种严重的不良暗示,它真的可以毁灭你的意志,使你丧失战胜自我的决心。还有的人习惯抱怨生活,在"没有人比我更倒霉了,生活对我太不公平"的抱怨声中他得到了片刻的安慰和解脱。"这个问题怪生活而不怪我。"结果却因小失大,让自己在无形中忽略了主宰生活的职责。所以要改变一下身处逆境时的态度,用开放性的语气对自己坚定地说:"我一定能走出情绪的低谷,现在就让我来试一试!"这样你的自主性就会被启动,沿着它走下去会是一番崭新的天地,而你会成为自己情绪的主人。

输入自我控制的意识是开始驾驭自己的关键一步。曾经有个初中生,不会控制自己的情绪,常常和同学争吵,老师批评他没有涵养,他还不服气,甚至和老师争执。老师没有动怒而是拿出词典逐字逐句解释给他听，并列举了身边大量的例子。此时，他嘴上没说却早已心悦诚服。从此他有了自我控制的意识，经常提醒自己，主动调整情绪，自觉注意自己的言行。就在这种潜移默化中，他拥有了一个健康而成熟的情绪。

其实调整控制情绪并没有你想象的那么难。只要掌握一些正确的方法，就可以很好地驾驭自己。

下面几种方法你不妨试试。

◇意识调节

人的意识能够调节情绪的发生和强度。一般来说，思想修养水平较高的人，能更有效地调节自己的情绪，因为他们在遇到问题时善于明理与宽容。

◇语言调节

语言是影响人的情绪体验与表现的强有力工具。通过语言可以引起或抑制情绪反应，如林则徐在墙上挂着写有"制怒"二字的条幅，这是用语言来控制与调节情绪的例证。

◇注意转移

把注意力从自己的消极情绪转移到其他方面上去。俄国大文豪屠格涅夫劝告那些刚愎自用、喜欢争吵的人："在发言之前，应把舌头在嘴里转十个圈。"这些劝导对于缓和激情是非常有益的。

◇行动转移

此法是把情绪转化为行动的力量，即把怒气转变为从事科学、文化、学习、工作、艺术、体育等的力量。

◇释放法

让愤怒者把有意见的、不公平的、义愤的事情坦率地说出来，以消怒气；或者面对沙包猛击几拳，以达到松弛神经的目的。

◇自我控制

人们还可以用自我调控法控制情绪，即按一套特定的程序，以机体的一些随意反应去改善机体的另一些非随意反应，用心理过程来影响生理过程，从而达到松弛神经的效果，以解除紧张和焦虑等不良情绪。

在众多调整情绪的方法中，"情绪转移法"是最为常用且有效的良方之一，即暂时避开不良刺激，把注意力、精力和兴趣投入另一项活动中去，以减轻不良情绪对自己的冲击。一个高考落榜的朋友，看到同学接到录取通知书时深感失落，但她没有让自己沉浸在这种不良情绪中，而是幽默地告诉好友"我要去避难了"，然后就出门旅游去了。风景如画的大自然深深地吸引了她，辽阔的海洋荡去了她心中的郁积。情绪平稳了，心胸开阔了，她又以良好的心态走进生活，面对现实。

转移情绪的活动有很多，最好还是根据自己的兴趣爱好以及外界事物对你的吸引力来选择，如参加各种文体活动、与亲朋好友倾心交谈、阅读研究、琴棋书画等。总之将情绪转移到这些事情上来，尽量避免不良情绪的强烈撞击。减少心理创伤，有利于情绪及时得到稳定。

情绪的转移关键是要主动及时，不要让自己在消极情绪中沉溺太久，要立刻行动起来。如此，你会发现自己完全可以战胜情绪，也唯有你可以担此重任。

如何消除愤怒情绪

在日常生活中我们常会看到这样的一些事情：有的人为相互间无意的碰撞闹得脸红脖子粗；有的人为一些鸡毛蒜皮的小事在那里大动肝火，怒气冲冲；有的人为一些无关紧要的纠纷互不相认，争吵怒骂，没完没了……这都是一些缺乏修养、自制力差的人表现出的一种愤怒情绪。

怕，就会输一辈子

　　愤怒会变成一种习惯，它是你经历挫折的一种后天性反应。当一个人大发怒火时，他往往只考虑使他发火的这件事，认识范围被发怒的对象局限，从而不能正确评价自己行动的意义和后果，难以全面考虑问题和慎重权衡利弊得失，容易轻率从事。

　　三国时，关羽骄傲轻敌，败走麦城，地失身亡。刘备闻之，悲愤不能自制，感情冲动之下，他只知道为二弟报仇，竟然不顾诸葛亮为他制定的"联吴抗魏"的战略方针，亲自率军大举进攻东吴。结果被陆逊"火烧连营七百里"，损兵折将，大败而归。

　　兵法上的"激将法"，就是指专门想方设法激怒对方，从而使对方犯错误。一个人只要被激怒，当其怒火熊熊燃烧时，就会失去理智和冷静，不能全面考虑问题。

　　愤怒情绪对人的心理健康没有任何好处。它会破坏愉快乐观的心境，使人陷入连绵不断的不良情绪之中，整天心情烦躁，愤愤不平。愤怒比其他情绪有着更强的感染性和蔓延性，发一次怒，会连续几天心情不好。怒火的滋长，也代表着情绪的失控。一个怒火中烧的人犹如着了火的汽油桶，随时都有爆炸的可能。

　　从心理学的角度而言，愤怒能使你的爱情破裂，同时也能破坏你与他人之间的感情。生活中，哪里有怒气，哪里就会有争吵和冲突。在人与人的相处中，火气，不但灼伤别人，而且烧痛自己，有百害而无一益。它会使人说出绝情的话，做出无礼的举动，导致人们相互之间感情破裂。有的人一气之下，说出一大堆伤人感情的话，致使多年的友谊和感情遭到破坏；有的人一气之下，感情用事地把本来很小的事情闹大，弄得不好收场。久而久之，这些不断出现的愤怒的情绪就会成为事业上的绊脚石。

　　像所有的情绪一样，愤怒只是感情的一种。它的出现并不单纯，当你遇到不如意的事情，告诉自己，本来就不应该这样，于是你就有借口对它发怒。只要你认为它是人的个性之一，你就有理由去接纳它，并且把它作为挡箭牌。有人认为，发怒是"勇敢"的行为，是"男子汉"的表现，专爱在区区小事上争勇逞强，同事之间的相处，也容易起冲突。其实在这些小事情上发怒并不是有力量的表现，恰恰相反，发怒不过表现了一个人的软弱无能罢了。一个人不能平心静气地、理智地克服摆在面前的问题和困难，却把精力消耗在徒劳无益的叫骂声中。

当然，你可以对不如意的事情发怒。比如你跟别人约好下午三点整在美术馆门口相见，那么当别人迟到时，你便可以大发脾气，并有权发怒，因为他使你等了半个小时。可是你是否想过，你发怒的目的是什么呢？无非是要他遵约守时，而他迟到半个小时已成事实，没有办法。发怒的唯一收获就是使你眼睛发红、心跳加快。你如果想让他下一回别迟到，那你完全可以通过其他方法，尽管可以把声音提高一些，也根本用不着发怒了。

对别人的行为，你尽可以不喜欢，但你不必为之愤怒。在许多情况下，愤怒不但不能改变对方的一切，反而使对方变本加厉。尽管惹你生气的人会害怕，但他却得出一个结论：他随时能惹你动怒。于是他就一再惹你生气，使你陷入紧张和不安之中。

无论是从生理上还是心理上来说，愤怒都会给你带来情绪上的不快和行为上的惰性。但如果那该死的怒气一旦涌进了你的心头，你就应加以制止或把它发泄掉。下面向你介绍几种制怒和泄怒的方法。

（1）克制。一般来说，怒气在刚产生时是脆弱的、容易控制的。如果这时不能以理智来抑制怒气，而听凭它自由奔流，后果将是不堪设想的。因此，当我们遇到不愉快的事，感到很气愤时，要特别注意克制自己，防止冲动的发生。比如，当你认为自己受到别人不合理的责备和恶意的诽谤时，要尽量保持冷静，暂时压住心头的怒火。你可以试一试推迟动怒的时间，第一次推迟 10 秒钟，第二次推迟 20 秒钟，然后不断地延长动怒的间隔时间。一旦你意识到自己可以推迟动怒，你便学会了控制自己。另一个方法是当你意识到自己的怒火已经升起时，要强迫自己不要讲话。采取静默的方式，熬过了最初的 10 秒钟，你也许会冷静下来。俄国文学家屠格涅夫劝告情绪容易激动的人："在发言之前，应把舌头在嘴里转十个圈。"动怒之时不讲话，确实是缓和情绪、冷却头脑的一个有效方法。

（2）转移。从愤怒情绪发展的规律来看，自我克制越早越好。但一旦动怒，最好的办法就是迅速离开情绪现场，或做别的事情，或自己冷静下来想一想。在怒火中烧时，最好采用"逆情性思维"。逆情性思维是指沿着激情的反向性去考虑问题。假如你要发怒时，把思路从"恨"的方向抽步回头。朝相反的方向想一想，看看自己恨得是否完全对头：对方损害了自己什么？是不是就成了自己不共戴天的仇敌？我对他发火有什么好处？若能朝这几个方向反复考虑，你就能借这种"回头想"的思维把自己从愤怒的指向中拉回来。当你要发怒时，你还可以握住你所"恨"的人的手，直到情绪平静。

（3）提醒。在发怒时要提醒自己，每个人都有自己的不同见解，希望改变对方的观点，只不过是延长你发怒的时间而已，为何不允许他人有自己的选择呢？正如你有你的选择一样，有时光靠自己内在的努力还难以奏效，这时就需要得到外界的提醒和帮助。林则徐每到一地，都要在房间的墙壁上贴上"制怒"二字，目的就是经常提醒自己戒除爱发脾气的毛病。我们应该记住：不要苛求人人都赞同你的意见与行为。

（4）发泄。有时候，怒气膨胀起来，一时控制不住，那就应设法把它发泄出来，但不能伤及他人。你可以找你的知己，尽情地倾诉你的苦衷；你还可以找一个空旷的地方，用力喊出你想要讲的话；或一口气跑上 3000 米，跑得满头大汗，让你的怒气随汗水一起流走，然后用温水痛痛快快地洗个澡。日本松下电器公司所属的各个企业都设有"出气室"。牢骚满腹的工人，走进"出气室"，尽可拿起木棍，对准安放在那里的象征着经理、老板的橡胶塑像揍个痛快，然后进入"恳谈室"，将心中的不快尽情倾吐。有时把心中的怒气随便地写在纸上，也会使你轻松。比如当你对无聊的会议或者对听讲座感到不耐烦时，在笔记本上胡写乱画，这种动作虽然完全出于无意识，但你也会有"一吐为快"的感觉。

记得一位名叫亚柏拉德的哲学家说过这样的话："火气甚大，容易引起愤怒的烦扰，是一种恶习而使心灵向着那不正当的事情。"脾气不好、容易发怒的人，掌握一些制怒与泄怒的艺术，不无裨益。

紧张时深呼吸，无疑是最好的办法

容易紧张的人，想说话却开不了口，想做事却动不了手脚，如此一来，即使是天上飞来馅饼也吃不到嘴，成功又从何谈起呢？

所谓紧张，就是一个人受到某种压迫威胁时所产生的心理反应，它是自己生理的健康、身体的安全、心理的宁静、事业的成败、自尊的维持等受到干扰和阻碍时的一种心理状态。紧张程度较轻的，往往在处境中可以自我意识到；过度的紧张则是对某一特定的人的威胁所作的强烈反应。

紧张并不全是现代社会的产物。但随着现代社会节奏的加快和竞争的加强，人们在精神上的紧张感也逐步增强。从这个角度说，紧张是一种有效的反应方式，它使人得以应对瞬息万变的社会环境。但是持续的紧张状态会扰乱身体内部的平衡，并带来一系列的行为紊乱，思维、记忆、动作的准确性都会随着紧张程度的增加而降低，从而造成"临场晕眩"或"怯场"现象。例如，初进考场的学生，心怦怦地乱跳，答题时手都颤抖了，有的题目瞪着眼睛硬是没看见，以致错答漏答。缺乏临场经验的运动员会有"赛前热症"，即面临比赛时呼吸和脉搏加快，手脚发颤，上场后动作失调，技能发挥不出来。在一些重大的比赛中，有时连身经百战的运动员也会出现紧张的状态。

紧张的情绪为什么能对人的身体产生这些抑制作用呢？原来，

紧张会使脑神经的兴奋和抑制过程失调，出现暂时性不平衡。由于自身抑制力量的降低，所以自我对支配体内器官和产生情绪的神经中枢的调节和控制作用减弱，这时，人就会产生一种难以自制的心慌、不安、激动和烦躁的情绪，从而出现一系列的动作失调和行为紊乱的现象。

经常紧张的人一般具有以下心理特征。一是"自我挫败"艰苦的工作还未开场，他就先有一种担心和恐惧，似乎失败就在等着自己。二是过多注意别人对自己的评价。总是关心自己在别人心目中的形象，希望得到别人的赞扬，但又担心和怀疑自己能否得到别人的赞扬。越是到人多和陌生的地方，就越觉得不自在，一举一动，都顾虑重重。这样的人，在一些社交活动中，特别是在不熟悉的环境中，容易表现出不自然、怯场，甚至失败。三是过于自卑。对所从事的工作缺乏信心，临场中难以建立起精神优势。另外，还有一种人是由于工作安排过紧而造成的紧张。

根据以上的心理和工作特点，要避免慌乱和紧张的心理状态，我们可以从以下几个方面努力。

（1）通过娱乐调节。在紧张的工作之余，欣赏一下优美抒情的轻音乐或所喜爱的舞曲，既是一种美的享受，又是一种很好的松弛方法，紧张将会在优美悠扬的音乐中得以消除。当然，也可以看电影、跳舞，还可以到花丛中漫步。这也许会使你发现每天不管是下雨还是日晒，不管是春天还是秋天，花园都在不断地变化。这个发现将使你充分体验到自然的神秘和乐趣。这些活动不仅使你肌肉松弛，还能使你的精神得到放松。

（2）通过睡眠调节。夜里长时间的睡眠对紧张的调节自然很好。但午休一小时，也应尽可能睡好。倚靠在椅子上，全身放松，闭上双眼，一动不动地坐一会儿，很快就进入了梦乡。只要你有了这种训练，今后在电车上或在茶馆里，即使5分钟或10分钟都能入睡。睡醒后再尽量伸伸胳膊，效果更为明显。

（3）安排适当的工作量。一般来说，没有经验的新手，进入某项工作时，常常用过高的标准要求自己，不但造成精神压力，而且因为难以达到，会给自己带来过多的紧张。工作的低效率和心情的高度紧张相互作用、相互扩展，还会形成恶性循环。如果你能意识到自己所从事的工作仅仅是开始，掌握的知识和技能也是初步的，紧张程度缓解了，效率反而会提高。假如你在工作中遇到必须完成的紧急任务，你也不要紧张，否则会乱了方寸。你首先应稳住自己的情绪，使心情平静下来。相信自己的力量，要对情境和任务做出冷静的分析，并订出必要的行动计划。这时你还可以做到松弛性的自我暗示：事情再难、再急，也必须一步一步地去做，焦急是无济于事的，天塌下来也要顶住，相信自己一定能闯过难关，完成任务。

（4）通过幽默来缓和紧张。在许多初次见面的场合中，由于紧张导致一些不自然倒是情有可原。假如你确实很紧张，你不妨说出自己的感受，嘲笑一下自己，也可以缓和自己的紧张情绪。

（5）做好临场前的准备。如果你意识到自己容易紧张，在临场前，你最好有意识地进行多次预演。比如你将要登台演讲，不妨把墙壁和空椅子当作听众，试着讲几次，使语言流畅，临场时情绪稳定。临场前有足够的准备，可以帮助你树立信心。

假如你已经产生了紧张的情绪，希望用最快的办法把它消除。这时你闭目片刻，做深呼吸，无疑是最好的办法。

怕，就会输一辈子

Part 2

绝不拖延，用行动改变一切

不要给自己留退路，说什么『以后还有机会』、『时间还比较充裕』。在制订好计划以后你就没有了后路，唯一的选择就是立即行动。立即行动，使你保持较高的热情和斗志，能够提高办事效率。拖延只会消耗你的热情和斗志。成功者必是立即行动者。对于他们来讲，时间就是生命，时间就是效率，时间就是金钱，拖延一分钟，就浪费一分钟。

行动是掌控人生命运的法则

人生中真的不是没有机会，我们也真的能掌控自己的命运，关键是要积极主动：积极的思想、主动的行动。

索尼原来只是一家小公司，但盛田昭夫在科学杂志上看到贝尔试验室发明了晶体管后，第一时间就去美国买下了专利。你们估计一下用了多少钱？答案是改变了整个世界的专利只用了2.5万美元。因为当时全世界都还没有认识到晶体管的重要性，而盛田昭夫却敏锐地发现了机会，并主动出击抓住了机会。

当时的电子管收音机体积都很庞大，像一张小桌子。盛田昭夫利用晶体管很快就生产出了一批小型收音机。它的口号是：能装在口袋里的收音机。其实，当时他生产的收音机比口袋还要稍大一点，于是他将每位推销员的衣服口袋都做大了一些，让他们装在口袋里去推销，结果晶体管的这项专利当年就为他盈利250万美元，索尼从此开始成为世界级的大公司。

比尔·盖茨的微软公司开始也只是一间小公司，完全无法与IBM竞争，但他懂得"不够实力成为竞争对手时，就先成为朋友"的法则，主动靠近IBM，积极争取IBM的订单，并最终取得了成功。微软公司正是借助于IBM的力量才强大起来，而IBM数年后才反省到他们的自杀行为。

很多人总在说自己的机会不好，其实你没有积极的思想、主动的行动，即使有好机会你也不会知道，仍然会错过。就像马克·吐温所说："我往往是在机会离去时，才明白这是机会。"

以前有位学员曾对我说："老师，我每次上班出门坐电梯，都碰到一位小姐，她与我住在同一幢楼。一个人坐电梯怪闷的，我很想跟她打招呼，但又怕她不理我，自讨没趣。"

在班上，我把这作为任务交给了这位学员。

第二天这位学员继续讲他的故事。

"我坐电梯又遇见她，这次我想一定要跟她打招呼。可她板着脸，一副冷冰冰的模样，我又害怕了，但我想就把这作为一次试验吧！于是硬着头皮与她打了个招呼。岂料她马上回应了，原来她也很想跟我打招呼，只是怕我拒绝她罢了。"

其实每个人都渴望友谊，别人总是表现出不友好的原因或许只是出于他担心你、害怕你拒绝他。所以采取主动精神，不要等待他人发出建立友谊的信号，而应自己先做出第一步行动，这样也许你会看到对方也开始变得热情了。

克服别人将会"冷落"你的恐惧感，冒一次风险，为了证明他是友好的，打一个赌。虽然你不可能每次都赢，但伸出友谊之手，虽被别人拒绝，却并不可耻，反而更彰显出你的潇洒、大度。

在联合国的一次会议上，周总理主动向当时的美国国务卿杜勒斯伸出了友谊之手，但杜勒斯傲慢地拒绝了。

这是谁的耻辱呢？当然是杜勒斯的耻辱，因为他拒绝了一只和平之手。

一次我回内地和一位朋友上街，路过他女朋友家时，他邀请我一起上去坐坐。坐着聊了没有多久，他女朋友就对他说："我们分手吧，我已提过了多次，我是认真的，我已下了分手的决心。"

我当时听到这句话感到很气愤，这样的话怎么能当着外人的面说呢。我想如果是我遇到这种情况，我一定会说："哼！你有什么了不起，分手就分手。"

可我这位朋友却是这样说的："既然你决定分手，我也不能强求，但只请你记住一点，我是真的爱过你！这种爱并不因为你的拒绝而减弱。"

听了他的话，回去时我对他说："我们认识十几年了，我还没有发现原来你是那么伟大、那么潇洒！"

要建立广泛的人脉，就要主动出击，克服别人将会拒绝你的恐惧感。

要用一种积极的思想面对人生，并在行动上永远主动出击。思想上积极，行动上主动，这就是掌控人生命运的法则。

爱我的我报以叹息，恨我的我置之一笑

嫉妒是一种卑下的情感，会使人失去理智，甚至造成不可估量的损失。而对于嫉妒者的中伤，最妙的回击是置之一笑。

人生在世，一定要有一颗平静和睦的心，切不可心怀嫉妒。俗话说："已欲立而立人，已欲达而达人。"别人有所成就，我们不要心存嫉妒，应该平静地看待别人所取得的成功，这是拥有幸福人生的秘诀。

佛经上有一则故事：在元古时代，摩伽陀国有一位国王饲养了一群象。象群中，有一头象长得很特殊，全身的毛白皙、柔细、光滑。后来，国王将这头象交给一位驯象师照顾。这位驯象师不只照顾它的生活起居，也很用心教它。这头白象十分聪明、善解人意。过了一段时间之后，他们已建立了良好的默契。有一年，这个国家举行一个大庆典。国王打算骑白象去观礼，于是驯象师将白象清洗、装扮一番，在它的背上披上一条白毯子后，才交给国王。国王就在一些官员的陪同下骑着白象进城看庆典。由于这头白象实在太漂亮了，民众都围拢过来，一边赞叹一边高喊着："象王！象王！"这时，骑在象背上的国王觉得所有的光彩都被这头白象抢走了，心里十分生气、嫉妒。他很快地绕了一圈后，就不悦地返回王宫。一入王宫，他就问驯象师："这头白象有没有什么特殊的技艺？"驯象

怕，就会输一辈子

师问国王："不知道国王您指的是哪方面？"国王说："它能不能在悬崖边展现它的技艺呢？"驯象师说："应该可以。"国王就说："好。那明天就让它在波罗奈国和摩伽陀国相邻的悬崖上表演。"隔天，驯象师依约把白象带到那处悬崖。国王就说："这头白象能以三只脚站立在悬崖边吗？"驯象师说："这简单。"他骑上象背，对白象说："来，用三只脚站立。"果然，白象立刻就缩起一只脚。国王又说："它能两脚悬空，只用两脚站立吗？""可以。"驯象师就叫它缩起两脚，白象很听话地照做。国王接着又说："它能不能三脚悬空，只用一脚站立？"驯象师一听，明白国王存心要置白象于死地，就对白象说："你这次要小心一点，缩起三只脚，用一只脚站立。"白象也很谨慎地照做。围观的民众看了，热烈地为白象鼓掌、喝彩！

国王愈看，心里愈不平衡，就对驯象师说："它能把后脚也缩起，全身悬空吗？"这时，驯象师悄悄地对白象说："国王存心要你的命，我们在这里会很危险。你就腾空飞到对面的悬崖吧？"不可思议的是，这头白象竟然真的把后脚悬空飞起来，载着驯象师飞越悬崖，进入波罗奈国。

波罗奈国的人民看到白象飞来，全城都欢呼起来。波罗奈国的国王很高兴地问驯象师："你从哪儿来？为何会骑着白象来到我的国家？"驯象师便将经过一一告诉国王。国王听完之后，叹道："人为何要与一头象计较，嫉妒一头象呢？"

还有一则故事：有一对夫妻心胸很狭窄，总爱为一点小事争吵不休。有一天，妻子做了几样好菜，想到如果再来点酒助兴就更好了。于是她就拿瓢到酒缸里去取酒。妻子探头朝缸里一看，瞧见了酒中倒映着的自己的影子。她以为是丈夫对自己不忠，把女人带回家来藏在缸里，就大声喊起来："喂，你这个死鬼，竟然敢瞒着我偷偷把女人藏在缸里面。如今看你还有什么话说？"

丈夫听了糊里糊涂的，赶紧跑过来往缸里瞧，他一见是个男人，也不由分说地骂起来："你这个坏婆娘，明明是你领了别的男人回家，暗地里把他藏在酒缸里面，反而诬陷我！"

"好哇，你还有理了！"妻子又探头往缸里看，见还是先前的那个女人，以为是丈夫故意戏弄她，不由勃然大怒，指着丈夫说："你以为我是什么人，任凭你哄骗的吗？你，你太对不起我了……"妻子越骂越气，举起手中的水瓢就向丈夫扔过去。丈夫侧身一闪躲开了，见妻子不仅无理取闹还打自己，丈夫也不甘示弱，于是还了妻子一个耳光。这下可不得了了，两人打成一团，又扯又咬，简直闹得不可开交。最后闹到了官府，官老爷听完夫妻二人的话，心里顿时明白了大半，就吩咐手下把缸打破。

一锤下去，只见那些酒汩汩地流了出来。不一会儿，一缸酒流光了，缸里也没看见半个男人或女人的影子。夫妻二人这才明白他们嫉妒的只不过是自己的影子而已，心中很是羞惭，于是就互相道歉，又和好如初了。

我们遇到怀疑的事，不宜过早下结论，要客观、理智地去分析，才能够了解真相。尤其在生气的时候，不能像故事中的这对夫妻见到自己的影子那样不能冷静地思考分析，反被嫉妒心冲昏了头脑而伤了和气。

如果别人的嫉妒能把你打倒，这说明你虽然可能是优秀的，却不是最优秀的，尤其在意志上更算不上优秀。面对嫉妒者的中伤，常人最容易做出的最下策的反应就是反唇相讥。这样，你会因为别人的无聊而使自己也变得无聊，甚至有可能陷入一场旷日持久，使心智疲惫又毫无意义的纠葛中。

拜伦说过："爱我的我报以叹息，恨我的我置之一笑。"他的这"一笑"，真是洒脱极了，有味极了。对嫉妒者的中伤，最妙的回答是：让心灵安详地微笑。

每件事情都要做计划，并且形成习惯

西班牙的智慧大师巴尔塔沙·葛拉西安曾告诫我们：做任何事情都不要太匆忙，忙乱中容易出差错；也不要太轻率大意，不要急于表态或发表意见。

在工作中，有很多人总是低头做事，他们匆忙如大自然中的蚂蚁，却没有多少实质的收获。草率行事，冒冒失失是他们最好的写照！

冒失，是一种轻率的表现，是指对任何事情都不能深思熟虑，只凭一时冲动匆忙作出决定，不计后果地鲁莽草率。冒失的人懒于思考，轻率妄动，为了迅速摆脱由动机斗争带来的内心痛苦和紧张情绪，他们不考虑主客观条件和后果就贸然抉择，草率行事；他们生活节奏快，做事匆忙，往往一件事未干完又去做另一件事，或几件事一起干。

有些人认为做事不匆忙是一件很容易的事情，只需要做事时注意一下就行了。其实一个人做事不慌不忙是一种习惯，你会发现一个做事匆忙的人做所有的事情都是冒冒失失的，他们是凭着自己的直觉在做事。要想改变做事匆忙的缺点，首先就要在做每一件事情时都制订计划和目标，并且形成习惯。

举一个营销工作中的实例：新品上市初期，开拓市场寻找经销商是一件非常重要的工作，但面对一个陌生的城市和市场，你会怎么办呢？你是下车后匆忙地四处走街串巷，还是通过调查后，制订拜访计划及合理路线呢？

每个城市都有几百个经销商，不可能每个客户都去拜访。经验丰富的营销人员会挑选客户中 20% 有意向、有销售网络及实力的经销商进行重点拜访，用 80% 的时间和这 20% 的重点客户沟通。

同时，为了不放弃那些潜在经销商、经营相关产品的小经销商，只需要简单地散发新品招商资料就可以了。

不管从事什么工作，事先的调查和分析都会有助于你找到实现目标的最佳方案。好的钟表行走十分规律，不快也不慢；有智慧的人做事决不匆忙，也不拖沓、不莽撞、不踌躇，他做事总是有条不紊，不慌不忙，没有积压，决不拖延。

做事有计划的人不是一有想法就马上去做，等发现偏差再去调整，而是一开始就想好怎么做，把所有事情都想好，理清。因为没有时间而赶着把事情做完的人，通常事后要花更多的时间把第一次没做好的事情做好。如果真的没有时间把每件事都做好做完，那就把最重要的事做完。

不要匆忙急促，有些事情必须问清楚、弄明白。凡事预则立，不预则废。一个人只有知道如何安排工作，制订一个高明的工作进度表，才能高效率地办事，才能在短期内出色地完成老板交付的工作。

正如一位成功的职场人士所说："你应该在每一天的早上制订一下当天的工作计划，仅仅 5 分钟的思考就能使你一天的工作显得非常有效率。"

真正快乐的人，是那些挣脱了拖延枷锁的人

在几年前一个新年伊始的日子里，我曾经下定决心，不再做一个办事拖拉的人。这可以说是我曾设法坚持下来的最有成效的一项新年决定了。之前，我被认定是个懒散成性的人，讨厌作决定，回避那些使我困扰的、不愉快的任务。一个压力或者一项业务愈是变得迫在眉睫，我就愈发不肯正视它。最终，我被这些拖欠下来的事置于危险之中。

　　我的一个朋友只说了几句话，便使我认清了自己的症结所在。他说："你好像觉得，你的这种拖拉作风是你固有的个性，或者也许是一种不可救药的毛病，实际上并不是这样，这只是一种坏习惯。正如别的习惯一样，它也同样可以被克服掉。你最好还是在这个恶习把你摧垮之前就把它除掉吧。"

　　这番警告使我震惊。我决心着手解决这个问题，直到彻底战胜它为止。在这个过程中，我摸索到了下列行动纲领。这些条条也许对其他有拖拉症的人会有益。不要把拖延看成是一种无所谓的耽搁。一个企业家可能因为没能及时作出关键性的决定而遭到失败。有时候，由于做妻子的懒得及时洗碗铺床，也会造成一桩婚姻的瓦解。延误了看病的时间，会给人的生命带来无法挽回的影响。拖拖拉拉这个坏习惯不是无伤大局的，它是个能使你的抱负落空、破坏你的幸福，甚至夺去你的生命的恶棍。

　　找出使你习惯拖延的一个具体方面，然后去征服它。人们常常邀请我作报告，虽然我明知不能接受，但又不愿驳人家的面子，于是我往往迟而不决。一直到时间已经太晚了，再食言已是不可能了，才去履约。当我终于在这方面迫使自己迅速地作出决断后，我觉得自己变得快活多了，而且和我打交道的人也快活了。如果你能像我这样突破拖拉作风对你生活某一方面的束缚，那么一种得到解脱和成功的感觉将会帮助你在其他方面去战胜它。

　　学会安排事项的先后次序，然后在一个时期内集中解决一个问题。杂乱无章和拖延总是连在一起的，因为二者可以说是相辅相成的。如果一个人的桌面上摊着十件待处理的公事，那么单单是决定从何下手就要颇费一番功夫。一个家庭主妇面对十来样积留的杂活，往往会感到无精打采，于是，宁愿去看电视剧，也不想干活。然而，没有哪两项任务或业务会是同等重要的。在我拖沓的时候，我发现自己总是随意挑一件事干，或者干些次要的事，而常常忽略了那些重要的事项。现在我再也不会那样做了，因为我已经学会了安排事务的轻重缓急。

我做到这一点，主要是通过随时随地给自己写字条，记下第二天打算办的事。每天晚上把所有第二天该干的事一一列在纸上，并按它们的重要性依次排列。这样，第二天我就可以按部就班地处理它们。每当做完一件事，我就高兴地在纸上划掉一项。

这个经验看起来也许是最简单不过的，但是在完成一件事之后，再着手处理另一件事，所为你节省的时间和精力却是惊人的。不过你必须下很大的决心，不让自己在不知不觉中精神涣散。有时候，我不得不这样苛刻地要求自己："你要想坐在那把椅子上，就得先完成手头这项工作。"

一旦你的理智接受了这条戒律，你就会得到所需的能量。总而言之，集中优势是必要的。有一天，我在火车站观察到一位坐在问询台后的服务员被拥挤的人群团团围住，喧闹、查问声不绝于耳。而他却不慌不忙地认定一个人，然后目不斜视地盯着他看，慢条斯理、仔仔细细地回答那个人所提出的问题。他从来不转移自己的视线，也从来不因其他的人分散一丝一毫的注意力。直到回答完一个人的问题之后，他才又选定下一位提问的人。当轮到我的时候，我不禁夸赞他的泰然自若和精力集中。他笑着说："我已经学会了一次只能集中应对一个人，盯住他的问题不放，直到处理完毕为止。否则，我会发疯的。"

这些做法终将彻底改变我们的处世态度。我终于认识到，成就的报酬远比迁就自己的报酬要令人愉快得多。

真正快乐的人是那些挣脱了拖延的枷锁，在完成手头的工作后感到满足的人。他们是充满渴望、热情和创造性的人。

怕，就会输一辈子

只有行动，才能缩短自己与目标之间的距离

做得好就是行动。我们从许多杰出的成功者身上都可以找到某些成功的偶然性，但因为他们每个人都能做得好，又体现了成功的必然性。如果他们没有付出比常人多几千倍、几万倍的行动，是不可能取得一个又一个的成功的。

爱迪生75岁时，依然每天准时到实验室里签到上班。有个记者问他："你打算什么时候退休？"爱迪生装出一副十分为难的样子说："糟糕，这个问题我活到现在还没来得及考虑呢！"

爱迪生活了84岁，一生的发明有1100多项。对自己成功的原因，他曾这么说："有些人以为我在许多事情上有成就是因为我有什么'天才'，这是不正确的。无论哪个头脑清楚的人，只要他肯努力行动，都能像我一样有成就。"爱迪生的名言是："天才是百分之一的灵感加百分之九十九的汗水。"

汗水就是行动，行动就是努力。在任何一个领域里，不努力去行动的人都不会获得成功。就连凶猛的老虎要想捕捉一只弱小的兔子，也必须全力以赴地去行动，不行动、不努力就捕捉不到兔子。

世界著名的大提琴手巴布罗·卡沙斯在取得举世公认的艺术家头衔之后，依然每天坚持练琴6小时，养成了"行动再行动"的良好习惯。有人问他为什么还要练琴，他的回答很简单："我觉得我仍在进步。"一个成功者想继续成功就得这么做，因为世上的事物没有绝对的成功，只有不断地努力，才能有不断的进步。成功是没有终点的，就像旅行的过程，必须一站一站往前走，一旦停在原地，不再去努力，不再全力付诸行动，成功的列车就会把你甩得远远的。

传说有个技艺高超的匠人，曾给老板建造过不少质量好、风格

别致的房屋。他退休时，老板舍不得他走，问他是否愿意在退休前再最后建造一幢房屋。老匠人答应了。可不久大家都发现老匠人的心已经不在工作上了，手艺也变得拙劣了。老匠人完工后，老板把大门钥匙交给了他，并说："现在这是你的房子，是我送给你的礼物。"这对老匠人来说是多大的震惊，多大的羞愧！如果他当时知道他是在给自己建造房屋，他会干得完全不一样。而现在，他将不得不住在自己马马虎虎建造起来的房子里。我们有些人何尝不是这样？漫不经心地做事，马马虎虎地工作，不愿付诸行动，不愿竭尽全力，结局和这位老匠人一样，是自己糟践自己。

人人都想成功，为什么有些人总是错过成功的机会？就是因为行动被拖延偷走了。拖延是个专偷行动的"贼"，它在偷窃你的行动时，常常给你构筑一个"舒适区"，让你早上躺在床上不想起来，起床后什么也不想干，能拖到明天的事今天不做，能推给别人的事自己不干，不懂的事不想懂，不会做的事不想学。它让你的思想行动停留在这个"舒适区"里，对任何舒适以外的思想行动都觉得不舒服、不习惯。这个"贼"能偷走人的行动，同时也能偷走人的希望、人的健康、人的成功，它带给人的不良习惯和后果是积重难返的。有的学生遇上难题没有及时问老师，后来问题越来越多，成绩越来越差；有的商人因没能及时做出关键性的决定而痛遭失败；有的病人延误了看病的时间，给生命带来无法挽救的悲剧。

20世纪50年代，廖先生在农村教书时，学校不远处有一排窑洞，有个姓马的老汉就住在窑洞里，他喜欢靠在窑洞门口晒太阳。有人指着他的破窑洞说："你的窑洞该修了。"马老汉说："我打算明年春上修。"第二年春上他仍然懒洋洋地靠在窑洞门口晒太阳。有人又对他说："你窑洞顶上裂了缝，快修吧！"马老汉又说："等麦收了一定修。"麦收了他又改变了主意，又想等收了秋田再动工。秋田收了，他仍没有动工修窑洞的意思。人算不如天算，结果一场大雨，窑洞倒塌了，马老汉被活活地埋在废墟里。

拖延这个"贼"虽然能偷走行动，但是积极的行动也能制服这个"贼"。最好是在这个"贼"没有把你偷走之前，就采取行动逮住它。

当你准备做一件事时，这个"贼"会对你说："明天再干吧！"这时，你要马上提醒自己："今天能做的事，决不能拖到明天。因为这个明天遥遥无期，会变成明天的明天，永远不会来临。"

当你面临困难和挫折时，这个"贼"会找出许多理由让你停下来。这时，你要马上提醒自己："成功不会等待任何人，我如果犹豫不决，她就会被许配给别人，永远弃我而去。"

当别人埋头苦干时，这个"贼"会引诱你袖手旁观，吹毛求疵。这时，你要提醒自己："立即行动，马上动手，决不用评说别人来掩饰自己的无所作为。"

奥曼是美国一位成功的作家，他常常告诫自己："我要采取行动，我要采取行动……从今以后，我要一遍又一遍、每一小时、每一天都要重复这句话。有了这句话，我就能够实现我成功的每一个行动；有了这句话，我就能够制约我的精神，迎接失败者躲避的每一次挑战。"

一个人想奔向自己的目标，追求自己的成功，就应该立即行动。"立即行动"，是自我激励的警句，是自我发动的信号。它能使你勇敢地驱走拖延这个"贼"，帮你抓住宝贵的时间去做你不想做而又必须做的事。

世上没有任何事情比下决心、立即行动更为重要、更有效果。因为人的一生可以有所作为的时机只有一次，那就是现在。

"说一尺不如行一寸。"任何希望任何计划最终必然要落实到行动上。只有行动才能缩短自己与目标之间的距离，只有行动才能把理想变为现实。做好每件事，既要心动，更要行动。如果只会感动羡慕，不去流汗行动，那么成功就是一句空话。

哲人说："想得好是聪明，计划得好更聪明，做得好既最聪明又最好。"

干脆利落的办事风格

　　一个办事风格十分干脆利落的人，办事的效率也高。做事的速度快，不仅有利于自己事业的成功，也可以为自己赢得做更多事的时间，而且极易得到别人的信任和欣赏。美国外交家伊莲娜就是以干脆利落的办事风格谱写了她丰富多彩的人生。

　　美国外交界的伊莲娜·杜勒斯是个非常受人尊敬的人。她曾经亲身经历过很多重大的历史事件，是一位个性爽朗、乐观的女强人。

　　伊莲娜既爱读书，又会做事，社会活动能力也很强。她从宾州著名的女校彭玛学院毕业后，正好赶上了第一次世界大战结束。于是她远赴法国从事难民救济与复原工作，然后又回到彭玛学院进修，获得劳工与工业经济学硕士学位。

　　在20世纪二三十年代，妇女找工作非常不容易，有知识的女性更难找到合适的工作。尽管她是纽约州的名门之后，但是"杜勒斯"之姓对她却毫无影响。她以硕士学位在康州一家工厂管理一部打卡印刷机，又在纽约皇后区长岛市一间工厂担任发放薪水的小职员。伊莲娜是个非常上进的人，她不甘心自己一辈子就只看管一部印刷机和当一个小小的职员，平淡地度过这一生。于是她在存了一笔钱之后，就跑到有名的伦敦政经学院留学。她最得意的经历就是在就读期间，一个人成功地调查了75家英国工厂的经营方式，写出了令教授和同学都十分赞赏的论文。她回到美国后在哈佛大学又拿了硕士和博士的学位。30年代，伊莲娜执教于巴黎、日内瓦、波士顿、费城和母校彭玛学院，同时也没有停止自己的写作事业。伊莲娜一生共写了14本书，其中以外交、经济为主，也有回忆录，90岁那年还出版了一部哲理推理小说。

怕，就会输一辈子

伊莲娜具有非常强的主见，颇为独立，不会依附着别人做任何事。30 岁的时候她与一位在约翰·霍普金斯大学任教的语言学家相恋，但这位教授是个虔诚的正统犹太教教徒，而伊莲娜则是"白种盎格鲁撒克逊新教徒"，父亲又是长老会牧师，因此全家人对犹太人无甚好感，自然反对伊莲娜与犹太语言学家交往。敢爱敢恨的伊莲娜不顾家里的反对，坚持自己找到的另一半。1932 年伊莲娜和语言学家结婚，未料两年后这位语言学家却自杀死亡，留下一子一女。伊莲娜从此开始了 62 载的孀居生活。

伊莲娜虽然在婚姻上不是十分成功，但是之后在事业上却非常有成就，她终于找到了自己真正想要走的路，那就是担任公职。事实上，献身于"公职"，为政府做事、为国家服务，乃是杜勒斯家族的传统。伊莲娜于 1963 年开始担任公务员，首先在社会安全署当财务研究主任。后来转到国务院，亲手策划 1944 年在新罕布什尔州布雷顿森林举行的国际货币会议。之后又担任了美国驻维也纳大使馆的财经参事，协助救济奥地利难民，出任国务院德国事务局局长特别助理。为减少西德失业人口并增加生产做了许多工作，她不仅主持柏林工作，而且积极投入西德的战后复兴，拨出十亿美元为西德兴建国会大厦、医院和学校。她对德国所做的一切，使德国上下非常感激。德国人民尊敬她、热爱她，热情地称她为"柏林之母"，又把国会大厦称为"杜勒斯大楼"。

1960 年 11 月大选，民主党的甘乃迪险胜尼克森。甘乃迪的上台预示了杜勒斯家族的没落。中情局在 1961 年 4 月秘密主导古巴流亡分子登陆古巴诸湾，企图推翻卡斯特罗政权，结果惨败。甘乃迪总统灰头土脸，要求中情局局长艾伦·杜勒斯下台。甘乃迪疯狂地挤退了艾伦之后，也想逼走伊莲娜。据说对杜勒斯家族赶尽杀绝的幕后黑手就是甘乃迪总统的弟弟司法部部长罗伯特。1961 年 9 月的一个上午，国务卿鲁斯克亲口告诉她："白宫要我把你赶走。"伊莲娜并没有害怕，而是抗议道："干脆调我到欧洲去好了。"鲁斯克说："那也不行，甘家兄弟就是要你离开外交界"。于是，67岁的伊莲娜被炒鱿鱼了，她成为龌龊政治下的牺牲品。

但是，伊莲娜是个非常富有战斗意志的人。她虽然伤心，却没有一蹶不振。不灰心的她继续做研究，不断地写书，在各大学兼课和演讲使她并不感到寂寞，反而是经常埋怨时间不够用。90岁以后她的身体不是很好。耳朵和眼睛渐渐不好使了，她的生活节奏才开始缓慢下来。伊莲娜的一生就像个赶路的旅人。她完全践行了诗人弗罗斯特在《雪夜林畔》一诗中所说的"我得信守诺言，在安睡之前还要赶好几里路"的人生誓言。

伊莲娜的故事告诉我们：做事干净利落，从不拖拉的风格对一个人事业的成功至关重要。要想成功，就要学会干净利落的办事风格。

跨一步，就离成功近一步

查里作为"巴尔的摩驹"足球队的一员，已经使许多年轻人认为他有了个极富魅力的工作，但每年9750美元的薪水抚养不了两个孩子和又怀孕的妻子。于是他要求给他加250美元薪水，但遭到了拒绝。

查里带着全家回到了老家，那时候他只肯定要自己经商，却没有更明确的具体打算。当一个老朋友邀请他一起买下一个汉堡店时，他采取了断然行动，合伙买下了那家店。于是查里就开始了每天12小时翻烤汉堡和伺候那些不耐烦的顾客的工作。此外，每天开始营业前他得擦炉灶、拖地板，真的很辛苦。一个月下来，查里只带回家471美元。他是既疲劳又沮丧，但他不愿就此放弃。他用在球场学到的策略，使他的汉堡店提高效率。他要他的伙计待客热情友好，又使他的食品价格合理，让人买得起。就这样，经营日渐

怕，就会输一辈子

红火起来。查里和他的合伙人买下了更多的营业特许店，而他自己还是那么卖力地工作。

如今，查里成了美国最大食品供应公司的首脑，每年有 37 亿美元的销售额。当年为 250 美元离开了国家足球联盟的查里还当了一个投资集团的首脑。对于这一切，查里说："如果不是刻苦工作并且敢于冒险，是不可能达到现在这个地步的。"

与查里相似，大多数成功者都知道，对成功来说，刻苦地工作和遭到失败而不畏惧，比才干更重要。

在刻苦的同时，你还要依赖你的长处。弗莱德在他那枯燥乏味的病房内盯着一棵圣诞树发呆。手榴弹的碎片炸入了他的左腿，为此，医生定下了把腿切除的日程。

弗莱德毕业于西点军校，他在那里是个棒球队队长，而且计划着以军人为终生职业。可现在看来，退役似乎成了唯一的选择。他知道严重受伤的军人是很少能回去担任有行动的职务的。

手术后，弗莱德最感忧伤的是他完全失去了在棒球场上的勇猛劲头。在每周一次的棒球赛中，他只能用棒击球，而由别人替他跑垒。有一天，当他正等着轮到他击球时，他看见一个队友连摔带滑地去占领了第三垒。当时他想：如果我也去试试跑垒，最多也就像他那样嘛。于是，在将球击出后，他推开了替他跑垒的伙伴。自己忍住疼痛，一腐一拐地跑了起来，当跑到第一垒和第二垒之间时，他看到对方球员已接到了球并向第二垒扔过去。他闭上眼睛，命令自己头朝前滑入了第二垒。当他听到裁判员喊出"安全"的口令时，他笑了。

几年以后，弗莱德要带领一个中队去一处地形复杂的地方演习。他的上级担心切除了一条小腿的他是否能胜任这项工作，而弗莱德告诉他们说可以，并且说："这甚至可使我与兵士更亲近。如果我的假肢陷在烂泥里了，我会告诉他们，这是由于我没有两条完整的腿。"

如今弗莱德已是个四星级将官了，而且既可以跑步，还能稳稳地骑自行车。他说："失去一腿，教会了我一个道理：受自己缺陷限制的事是可大可小的，取决于你自己如何看待和处理它。关键是应该注意发挥你所具有的长处，而不是老想着你的缺陷。"

　　同时，找对门路也很重要。当奥里出售他公司的计算机给许多制衣厂商时，看到他们有不少活是靠手工完成的，于是，他创造了"奥里剪裁机"。这机器裁出所需部件只花费手工剪裁 1/8 的时间，并且减少了织物的浪费。接着，他花了好几个月的时间走访服装制造商，试图使他们相信他的机器的价值。但是他总是碰壁。因为谁也不愿意花 50 万美元买一台机器，来做用每小时 5 美元的手工就能完成的同样的工作。

　　奥里决定改变策略。他脑了里把其他所有的顾客都想了一遍，最后停在了汽车制造公司上。他注意到他们还在用很落后的办法剪裁汽车座椅的套子，于是他想："汽车制造厂一定是'奥里剪裁机'的极好用户！"

　　他终于说服通用汽车公司买一台机器试用。结果在 6 个月之内，通用汽车公司就收回了它的投资，而且订购了第二台。在这段时间里，服装制造公司见到通用汽车公司的例子而有了信心，也订购了剪裁机。

　　如今，1600 台"奥里剪裁机"已售给世界上 60 多个国家。奥里总结说："雨滴在石头上造成一个洞是靠其坚持性而不是大力气。我只是不断地敲门，直到一个合适的门打开。"

　　总之，成功者懂得真正的成功不是一开始就可以得到的，而坚持不懈却几乎总是可以达到目的。牢记心头的是：每跨过一个跳栏，距离到达终点的跳栏数就少了一个。

怕，就会输一辈子

Part 3

全力以赴，让梦想照进现实

在追寻梦想的途中，孤单、寂寞、失败、挫折会在不经意间围绕着你。不要觉得伤心难过，当你有一点点的放弃时，你的竞争对手早已在远方向你抛下一个嘲笑的背影。你要咬着牙告诉自己：就算全世界都不能给予你任何帮助，你也可以坚强地一直走下去！追梦，就要全力以赴，请不要停下你的脚步。

一个人的目标越清晰，他对自己就越有信心

在这个世界上，有成千上万出身低微的人最终取得了巨大的成就。他们或许没有资本，或许也没有太高的学历，但他们的共同优势是拥有梦想，并且相信能够凭借自己的能力实现自己的梦想。由于他们对自己充满信心，并且下定决心去做那些有助于实现梦想的所有事情，于是便激活了所拥有的全部能量。在短短几年中，他们就比他们周围的人取得了更大的成就，实现了自己的梦想。

中国民营汽车第一人李书福就是这样一个敢于给自己描绘出目标蓝图的人。1963 年，李书福出生在浙江台州的一个农民家庭。1984 年高中毕业后，这个农民的儿子产生了一个生产摩托车的梦想。当时他只有 21 岁，没上过大学，手里只有 1 万块钱。他的梦想离现实实在是太遥远了。然而，这并没有使他却步。

生产摩托车需要一笔很大的资金，于是他用手中的 1 万块钱租了五间房子，与人合伙办起了一家冰箱厂，五年中他赚了他的第一桶金——200 万元。

25 岁的李书福觉得，有 200 万元就可以起步了。他跑到当时的国家机械部去申请生产摩托车许可证。当时的国家机关会怎样接待一个 25 岁、心中充满梦想的毛头小伙子是不难想象的。虽然他壮着胆子称自己已有 5000 万元，但是接待人员还是对他充满疑惑。他碰了一鼻子灰，无可奈何地回到台州。

回到家以后，他冷静地想了很久才明白：200 万元资金根本不够。于是他深入市场，继续寻找挣钱快的行业。他发现镀铝装饰板市场前景广阔，全国只有两个生产厂家，而且质量都不太理想，于是他立即投资干起来。几年下来，年销售额达到 2 亿多元，国内市

场覆盖率更是达到 80%。

资金充裕了，他的摩托车梦又开始活跃起来。可是，生产许可证办不下来，怎能投入生产呢？他日夜思考，怎样突破这一屏障。有一天，他得到一个消息：杭州一家国有摩托车厂快要倒闭了。他心里一动，立刻有了想法，何不利用他们的生产许可证呢？他马上赶到杭州，经过几番艰苦的讨价还价，双方终于达成了合作协议。1992 年，李书福的浙江吉利摩托车厂终于成立了。

梦想的实现距他萌生梦想的那一刻仅仅时隔八年。这一年，李书福 29 岁。

八年，他实现了巨大的跨越。这证明了获得成功的一个真理：只要有目标，必然会产生实现目标的办法。因为定下目标以后，巨大无比的潜能会激励他做这件事。

到了 1998 年，吉利集团的摩托车产量达到 35 万辆，不但占领了国内市场，还出口到 22 个国家。这时李书福又产生了新的梦想：生产汽车。他看准了一个市场的空当，三四万元的低档轿车没有人生产，而老百姓需要它，因为他们手中只有这么多钱。资金已经不成问题，他已经有 26 亿元的储备。同生产摩托车一样，障碍来源于生产许可证。他用同样的方法冲破了障碍，与有汽车生产许可证的四川德阳一家汽修厂合作，成立了四川吉利汽车制造有限公司。1999 年，他投资 5 亿元，建立了占地 800 亩的汽车制造中心，开发家庭用的微型货车和轻型轿车。到 2000 年年底，吉利汽车的日产量达到了 300 台。他的汽车梦又实现了。他在 30 多岁的时候再次梦想成真，取得了成功。

和李书福一样，那些功成名就的人几乎毫无例外地都有自己的战略计划。他们全都是目的性极强的人，非常清楚自己想要得到什么，他们有书面计划和事业蓝图，甚至有完成这些计划的日程表和行动步骤，然后每天都按照这些计划行事。

这是现实生活中的例子，在古老的哲学中我们也同样可以找到答案。

有位哲学博士一边在田野中漫步，一边做着哲学的沉思。他忽然发现水田当中新插的秧苗犹如用直尺丈量过一般，排列得非常整齐。他不知如何才能办到这一点，不禁好奇地向正在田中工作的老农询问。老农正忙着插秧，头也不抬地回答："你自己取一把秧苗试试看。"博士卷起裤管，喜滋滋地插完一排秧苗，结果竟是参差不齐，不忍观睹。

他再次请教老农，如何能插出一排笔直的秧苗。老农告诉他：："在弯腰插秧的同时，眼光要盯住一样东西。朝着那个目标前进，就可以把秧苗插得很漂亮了。"博士依言而行，不料这一次插好的秧苗竟成了一道弯曲的弧线，划过半边的水田。

他又虚心地请教老农，农夫不耐烦地问他："你的眼光是否盯住一样东西？"

博士答道："是呀，我盯住那边吃草的水牛，那可是一个大目标啊！"

老农说："水牛边走边吃草，而秧苗也跟着移动，你应该知道这个弧线是怎么来的了。"

博士恍然大悟。这次，他选定的目标是远处的一棵大树，终于成功。

成功的果实就如同田里的阡陌。每个人都希望拥有一片排列整齐的漂亮成果，而不是参差不齐、扭曲歪斜的结果。没有大到不能完成的梦想，也没有小到不值得设立的目标。在伟大事业的起点上，懂得确立一个明确的目标绝对是极其重要的。没有明确目标的人生，或目标不断飘移的人生，所得到的成果正如博士起初所插的秧苗一般。只有朝着确切的目标行动，方能有成功致富的希望。

所以我们可以得出下面的结论：

对追求三十而富的成功者来说，目标就像是指南针。一个人首先要有目标，才能获得事业上的成功，因为目标是人生的起点。没

怕，就会输一辈子

有目标的人，必然没有开创事业的动力。当然，这个目标得是合理的，而且还必须根据情况的变化，不断在发展的过程中合理地做出相应调整。必须放弃固执，才能轻松地走向成功。改变一个人的生活有一个主要方法，就是要有一个明确的目标。明确的目标同积极的心态相结合，就能够成为所有可观的成就的起点。

一个人的目标越清晰，他对自己就越有信心；一个人的态度越积极，那种"踏破铁鞋无觅处，得来全不费工夫"的好运降临在他身上的可能性就越大；一个人的目标越明确，他的生活中令人愉悦的事情就越多，从而使他更接近他的目标，也使他的目标更接近他自己。

智商决定录用，情商决定提升

在美国，人们流行一句话："智商（IQ）决定录用，情商（EQ）决定提升。" 35 岁以前建立起人际关系网的人成功与否，20% 在于智商（IQ），80% 在于情商（EQ）。美国公布过一份权威调查，显示了近 20 年来美国政界和商界成功人士的平均智商仅在中等，而情商却很高。

20 世纪 90 年代初期，美国耶鲁大学的心理学家彼得·萨洛韦和纽罕布什大学的约翰·迈耶提出了情绪智能、情绪商数的概念。在他们看来，一个人在社会上要获得成功，起主要作用的不是智力因素，而是他们所说的情绪智能，前者占 20%，后者占 80%。1995 年，美国哈佛大学心理学教授丹尼尔·戈尔曼提出了"情商"（EQ）的概念，认为"情商"是个体的重要的生存能力，是一种发掘情感潜能、运用情感能力影响各个生活层面和人生未来的关键的品质因素。戈尔曼认为，在影响人成功的要素中，智力因素是重要的，但更为重要的是情感因素。"情商"大致可以概括为五个方面的内容：1）情绪控制力；2）自我认识能力，即对自己的感知力；（3）自我激励（自我发展）能力；4）认知他人的能力；5）人际交往的能力。

对于成功，智商很重要，但情商更重要。如果到了35岁你仍未建立起固定的、层次分明的人际关系网，那你就离成功还有很远的距离。这个人际关系网包括你的亲人、朋友，最低限度包括所有可以互相帮助的人。这些人有的是你的同事，有的受过你的恩惠，有的你倾听过他们的心声，有的是你和他有着相同的爱好等。

曾任美国总统的西奥多·罗斯福曾说："成功的第一要素是懂得如何搞好人际关系。"在美国，曾有人向2000多位雇主做过这样一个问卷调查："请查阅贵公司最近解雇的三名员工的资料，然后回答解雇的理由是什么。"结果是无论什么地区、什么行业的雇主，2/3的答复都是："他们是因为与别人相处不来而被解雇的。"

成就大事业的很多商界人士都意识到了人际关系对一个人成功的重要性。曾任美国某大铁路公司总裁的A·H.史密斯说："铁路的95%是人，5%是铁"。美国钢铁大王及成功学大师卡耐基经过长期研究得出结论："专业知识在一个人的成功中的作用只占15%，而其余的85%则取决于人际关系。"所以说，无论你从事什么职业或行业，学会处理人际关系，你就在成功路上走了85%的路程，在个人幸福的路上走了99%的路程了。无怪乎美国石油大王约翰·D.洛克菲勒说："我愿意付出比天底下得到其他本领更大的代价去获得与人相处的本领。"

所以，你要想成功，就一定要建立一个适于成功的人际关系网，包括家庭关系和工作关系。

中国有句古话，叫作"家和万事兴"。你与配偶的关系如何，决定了你与子女的关系如何，而家庭关系给我们与别人的关系定下一样的模式。

同样，我们与同事、上司及雇员的关系是我们的事业成败的重

怕，就会输一辈子

要因素。一个没有良好的人际关系的人，即使再有知识，再有技能，那也得不到施展的空间。对此，美国商界曾做过领导能力调查，结果显示：（1）管理人员的时间平均有3/4花在处理人际关系上；（2）大部分公司的最大开支是在人力资源上；（3）管理层的所定计划能否执行与执行成败，关键在于人。

人际关系网并不是一朝一夕就能建立起来的，它需要几年、十几年，甚至一辈子的时间。但是如果你想在35岁以前成功，在35岁以后获得更大的成功，就尽早建立自己的关系网吧！因为成功的第一要素是懂得如何搞好人际关系。

维系人与人之间的情谊，重要的不是技巧而是诚信

前文中提到"智商（IQ）决定录用，情商（EQ）决定提升"，所以，搞好人际关系就显得十分重要了。人们常说一个人成功与否，可以从交际面的大小反映出来。人们还说搞好人际关系是每一个渴望成功的人都要认真面对的问题。既然这样，我们应如何搞好人际关系呢？

关于搞好人际关系的问题，有位哲人说过："缺乏诚信根基，则交往难以保持长久；而缺乏交往技巧，则难以彰显诚信的功用。"所以，搞好人际关系，我们应这样做：在诚信的基础上，交往要讲究一些技巧，以便营造更加和谐的人际关系。

1. 诚信基础

我们每个人都需要有良好的人际关系，那么怎样才能建立良好的人际关系呢？良好的人际关系应该建立在什么样的基础上呢？

我觉得长久的成功的人际关系应该建立在诚信的基础上。诚信既是人际交往的基本原则，也是人际交往的根本。值得信赖是赢得

普遍尊重和信任的通行证。维系人与人之间的情谊，重要的不是技巧而是诚信。

我国正处在经济转型期，市场运作尚不够规范，商业交往缺乏诚信，坑、蒙、拐、骗不断，假、冒、伪、劣商品屡现市场。但是，随着我国加入世界贸易组织，以及市场经济体制的逐步建立，诚信显得越来越重要，人们也越来越重视诚信。那些缺乏诚信的企业也为此付出了代价，如三株集团、南德集团、飞龙集团等企业，都曾盛极一时，但都命不长久。这里面固然有管理不当等诸多因素的作用，但我认为最根本的原因在于缺乏诚信。企业欺骗公众，而后是内部员工欺骗公司，最终导致败落，付出惨重代价。缺乏诚信也给我国的经济带来巨大损失。著名经济学家茅于轼指出：由于诚信水平不足，仅此一项，每年就会给我国带来上千亿元的经济损失。

维系人与人之间的情谊，重要的不是技巧而是诚信。全国人大代表、福建金鹿集团董事长张华安指出"信用和信誉在市场经济中具有真金白银、实实在在的经济价值。""诚信是一个企业的生存之根，根基不牢，树倒房摇。""失去了诚信，不是几年就能补偿回来的，也许一辈子都没办法再翻本！"正是因为坚持诚信原则，所以他的企业能够20年不倒，蓬勃发展，而同一时期的许多企业则早已不见了踪影。

约翰逊公司是美国一家声誉很高的公司，但在20世纪80年代初期，它却遇到了很大的麻烦。该公司的拳头产品泰米诺尔胶丸在芝加哥被人用作杀人工具。凶手把泰米诺尔胶囊中的醋氨酚粉剂换成氰化物，装瓶后再把它放回药店的货架上出售。服用这种有毒药丸而死去的人已达7人。泰米诺尔胶丸随即遭到了灭顶之灾：从美国的东海岸到西海岸，从南到北，人们都相互告知不要服用这种产品，已买的产品要将其扔到垃圾桶里去。虽然产品本身并没有什么问题，但人们已经对它产生了恐惧心理和不良印象。市场调查表明，每10个过去使用强力泰米诺尔胶丸的人中至少有6个人说他们以後将不再用这种药了。

该如何处理已上市的大量产品呢？又该如何赢得用户的信任和理解呢？

联邦调查局建议不要全部收回产品，而只收回芝加哥地区的产品就可以了。他们认为如果收回全部产品耗资过多，损失太大，并有可能引起其他不测。但是公司的总裁吉姆·伯克却毅然决定全部收回产品。他认为公司只有不顾血本，尽一切力量来表明自己对消费者的坦诚和关心，才能赢得他们的信任和理解。并且他亲自站在采访者和摄像机面前，直接面对愤怒的公众和指责者。

在发生第一批有人中毒死亡之后的几天里，电视网用 20% 的播放时间报道有关泰米诺尔胶囊的消息。同时，电视上吉姆·伯克在那里发表意见，回答问题。

他为泰米诺尔胶囊所发表讲话的核心，是以诚心寻求信任、合作和谅解。他对公众说："一个拥有 60 亿美元资产的跨国公司，就像一个孩子多、负债重的贫困家庭。"它希望用自己的真心来换取大家的真心。""现在我们同坐在一只小筏上，随波逐流，面临同样险恶而孤立无援的境地，我们应当同舟共济，共渡难关。"这些朴实、浅显的讲话，令听众觉得温馨和感动。

伯克的坦诚不仅保住了泰米诺尔这块牌子，维护了公司的形象，更赢得了公众的好感，使他们认识到约翰逊公司并不是一个不顾生命、唯利是图的公司，而是一个值得信赖和尊重的公司。伯克也让他自己意外地从新闻界的闪电战中脱颖而出，成为一名勇于承担责任的英雄。

到 1985 年 1 月，泰米诺尔胶丸的销售份额不仅已经升到事发前的水平，而且还超出 50%。而约翰逊公司的总裁吉姆·伯克也被人们视为创造奇迹的英雄。

"专业知识在一个人成功的作用中只占 15%，而其余的 85% 则取决于人际关系。"可见，商业交往中的诚信给企业带来了难以估量的价值。而商业交往是人际交往的集体形式，个体交往中的诚信有时甚至能够带来生命的价值。

公元前4世纪，意大利一个名叫皮斯阿司的年轻人触犯了暴君奥尼索司，被判处绞刑。皮斯阿司身为孝子，请求回家与老父老母诀别，再回来受刑，可始终得不到暴君的同意。就在这时，他的朋友达蒙挺身而出为他担保，并表示：皮斯阿司如果不能如期回来服刑，自己愿意代他受刑。这样，暴君才勉强应允。

临刑之期日渐临近，皮斯阿司却杳无踪迹。人们都嘲笑达蒙：傻到竟然用生命来担保友情！达蒙被带上了绞刑架，准备受刑。人们都默默地注视着这即将发生的悲剧性的一幕。就在这时，远方出现了皮斯阿司的身影。他在暴雨中飞奔而来，并高喊："我回来了！"既而热泪盈眶地拥抱达蒙，做最后的诀别。这时，所有的人都在拭泪。受到感动的暴君出奇地特赦了皮斯阿司，并表示：愿意倾其所有来结交这样的朋友。

所以，诚信是交往的基础，是做人的根本。现在很多人都把交往的关注点集中在交往的技巧方面。我认为，这是舍本逐末、缘木求鱼，难以达到搞好人际关系的效果。诚信不足，虽技巧高超，终究不过是得一时之逞，难以保持长久的友谊。而以诚信为本，虽交往技巧不足，也可以交到真心朋友。

对人要诚信。如果你到了35岁仍未能建立起坚如磐石的忠诚信誉，那么这一缺点将会困扰你一生。不忠诚的恶名必然会使你在事业上处处不受欢迎。你不是靠暗箭伤人爬到事业的顶峰，而是靠在早期树立起来的真诚刚直和不可动摇的声誉。35岁以前，忠诚只是投资；35岁以后，你会作为一个可以信赖的人收到忠诚的回报。

2. 交往技巧

1）认真了解别人

没有什么能比关心别人更让人感动的了，而关心别人的前提，是先要了解别人。这是一种交往的需要，但在这样做的时候，也会发展成一种能力。据说，周恩来总理接见过一个人后，不管过多长时间，再次见面都能叫出对方的名字。这使对方既惊讶，又佩服，又感动。

历史上最好的例子是拿破仑·波拿巴与下属的关系。拿破仑能叫出手下全部军官的名字。他喜欢在军营中走动，遇见某个军官时，就叫出他的名字跟他打招呼，谈论这名军官参与过的某场战斗或军事调动。他经常询问士兵的家乡、妻子和家庭情况。拿破仑的做法让属下感到吃惊：他们的皇帝竟然对他们的情况知道得一清二楚。这种做法，让每个军官都能从拿破仑的谈话中感到他对自己的在意，也使他们对拿破仑忠心耿耿，甘愿效劳。

2）真诚关心别人

让人感到温暖的，就是让人知道你在真正关心他们。没有什么比关心别人更能让人感动的了。但关心别人要出自真诚，否则会给人以假惺惺的感觉。同时，关心别人要以尊重对方的隐私为基础，以免使对方难为情，或者让对方感觉到你是在干涉，或意在探听对方的隐私。

奉承是永不过时的交往艺术，但是赞美别人要发自真心。让对方感觉自己很重要。

体现自己的重要性，渴望得到尊重，是人的高层次的心理需要。如果你能满足别人的这种渴望，他们就会以积极的态度来回应，从而形成良性互动。

使别人感到自己的重要性，反过来别人也会使你感到自己的重要性。因为，在大多数情况下，你怎样对待别人，别人就会怎样对待你；你尊重别人，别人就会尊重你。

3）赞美别人

奉承是永不过时的交往艺术。就像渴望得到别人的尊重一样，得到赞美也是令人心情愉快的事情。所以，你在与人交往时，一定不要吝啬你的赞美。赞美是赢得对方好感的一种好办法。

但是，赞美别人一定要注意分寸，要恰如其分地表现他们身上最好的东西。最差劲的人身上也有优点。你要注意从别人身上寻找这种优点，并及时地予以赞美，相信你会得到意外的收获。

4）让别人感觉你对他们有用

人们的好感会自然地流向能给他们带来利益的人。就像你希望能结交对你的成长有益的人一样，你也要让对方感觉与你交往对他们的进步有益。这样才能使你们的关系具有建设性。

这种帮助无论是物质层面还是精神层面，都是必需的。但就交往程度来讲，精神层面显然比物质层面要深一层，而且更有效果，比如见面时带去一些新的信息，交换一些看法，带去一些业务机会等。只要有助于他们达到自己的目标，就会受到欢迎。

5）要言而有信

言而有信，不仅是交往的基本要求，也是做人的基本要求。中国古人就特别强调这一点，并从做人的高度来理解这一问题。孔子曰："人无信不立。"人如果没有信用，是立不起家庭的门框的，即人很难立于人世间的。

在交往中，没有什么会比失信更能迅速地破坏相互关系的了。失信不仅有损友谊，也会破坏生意上的关系。一个商业上没有信誉的人，是没有人愿意与你打交道的。

6）始终保持微笑

世界上最伟大的推销员乔·吉拉德曾说："当你笑时，整个世界都在笑。一脸苦相没人理睬你。"从现在起，直到生命的最后一刻，你就用心笑吧。

原一平在日本被称为"推销之神"他在 1949—1963 年始终保持全国寿险业绩第一。其实，他身高只有 1.53 米，而且其貌不扬。在他最初当保险推销员的半年里，他没有为公司拉到一份保单。他没有钱租房，就睡在公园的长椅上；他没有钱吃饭，就去吃饭店专供流浪者的剩饭；他没有钱坐车，每天就步行去他要去的那些地方。

可是，他从来不觉得自己是个失败的人，至少从表面上没有人觉得他是一个失败者。自清晨从长椅上醒来开始，他就向每一个他所碰到的人微笑，不管对方是否在意或者回报以微笑，他都不在乎，而且他的微笑永远是那样的由衷和真诚，他本人看上去永远是那么精神抖擞，充满信心。

终于有一天，一个常去公园的大老板对这个小个子的微笑发生了兴趣，他不明白一个吃不上饭的人怎么会总是这么快乐。于是，他提出请原一平吃顿早餐。尽管原一平饿得要死，但还是委婉地谢绝了。原一平请求这位大老板买一份保险，于是，原一平有了自己的第一个业绩。这位大老板又把原一平介绍给他的许许多多商场上的朋友。就这样，原一平凭借他的自信和微笑感染了越来越多的人，最终使他成为日本历史上签下保单金额最多的一名保险推销员。

帮助别人，往往就是帮助自己。原一平成功了，他的微笑被称为"全日本最自信的微笑""价值百万美元的微笑"，而这样的微笑并非天生，而是长期苦练出来的结果。原一平曾经假设各种场合与心理，自己面对着镜子练习各种笑。因为笑必须从全身出发才会产生强大的感染力，所以他找了一个能照出全身的特大号镜子，每天利用空闲时间练习。经过一段时间的练习，他发现嘴唇闭与合、眉毛的上扬与下垂、皱纹的伸与缩，都会呈现不同的"笑"的含意，甚至于双手的起落与两腿的进退，都会影响"笑"的效果。

有一段时间，原一平因为在路上练习大笑，而被路人误认为神经有问题，也因练习得太入迷，半夜常在梦中笑醒。经过长期苦练之后，他的笑达到炉火纯青的地步。原一平把"笑"分为38种，针对不同的客户，有不同的笑容。并且深深体会到，世界上最美的笑就是婴儿的笑容，那种天真无邪的笑，散发出诱人的魅力，令人如浴春风，无法抗拒。

无论是否从事推销职业，我们每个人都应该学会微笑、利用微笑。很多人投资大量时间和金钱去学习各种技能，比如英语、计算机、会计等等，而很少有人花一点时间来学习微笑这种技能。而这种不花钱，只要用心就能学会的技能，为我们带来的价值是不可估量的。

只要我们以诚信为基础，学会以上所讲的交往技巧，就能拓展大量的人脉，同时也就意味着获得了大量的财脉。相信我们一定会获得成功。

不断努力，先成为公司最好的员工

俗话说得好，三百六十行，行行出状元。当然现实中的行业远不止三百六十行，甚至于三千六百行，三万六千行……职业越来越多，从事不同职业的人也越来越多，竞争也越来越激烈。但是你总会选择一个职业作为你的谋生之道，这也称之为你的"行当"。所谓的真才实学，就是在你自己的行业里，做好自己的本分。每个行业都有比较出色的人才，都有状元，不管你所在的行业是多么的平凡，都可以做出一番业绩，因此你没必要跟别的行业的人比。只要具有一门真才实学就绝对够成功的资本了。

北京一家房地产公司的总经理李晖，年薪700万，按他自己的话说："是中国工资最高的打工仔。"他说起他凭什么一年挣这700万的时候，就说起了本事，说起了看家本领。他说他的本事是准确地判断形势，走在形势和法律的前头，也就是钻法律的空子。他曾在我国还未有上市公司时就大胆决策使华远公司在国外上市；曾在1997年国家大力监控、压缩上市公司名额时，借壳上市；曾在房地产业大萧条时，在香港成功融资1.2亿。他所在的房地产公司在众多公司中脱颖而出，在十年内资产达到120亿元！

你也许会说，李晖起点很高，所以有他施展看家本领的机会，有他表演的舞台。其实不然，他退伍后到这家公司，是一步步干上来的。正是因为看家本领的出色，所以被一步步提升，做到了总经理这个高位上。

我们每个人都在忙忙碌碌地过活，实际上人生就是一场戏，每个人都有属于自己的舞台，只是有的人拥有比较大的舞台而已。即使现在你的舞台很小，也不要嫌弃观众的反应冷淡。你要不断地提高，只有具有高超的表演技能，也就是我们所说的真才实学，你才能博得越来越多人的注意，才能赢得更多的掌声。

此外，走向成功的过程是一个渐进的过程，只有很少的人能一跃而就，成为他们那行最出色的人。你要一直不停地努力，先成为你们办公室最好的，再成为你们公司最好的，最后成为你们行业最好的。

如果你是农民，就让庄稼的收成更好一些；如果你是工人，就加把劲生产出更优秀的产品；如果你是电脑工程师，就生产出更强大的芯片来；如果你是软件程序员，就努力写出更好的程序来；如果你是医生，就努力让医术变得高明；如果你是老师，就努力培养出更多的人才……

技多不压身，不妨多学几行。你的成功，受益于你的进步，受益于你的本领，你的本事越多，成功的概率就越大。到那时，成功自然是属于你的。

看家本领不仅仅是安身立命之本，还是唯一真正完完全全属于你自己的东西，谁也抢不走，夺不去。毕竟，技多不压身，多学几行，就多给自己几条出路，也就多几条走向成功的路。这与本领要精益求精、力求完美，并不矛盾。唯一不变的真理是，只要你有真本领，有真才实学，就会处于不败之地。

许多下岗的人，总是一样，只是会一门本领。原来是纺织工人，下岗后只想着再找一家纺织厂，别的他们也不会干。这些人，从原来的行当出来后，两眼冒金星—这世界完全搞不懂了，他们除了原来会的看家本领，再无其他的本领。他们只有接受这种命运。

但是如果你事先熟悉另一行当，并加入了这一行当，在新行当中得心应手，很快显示出才华，多了一技之长的你，境遇肯定会好一些。

王嘉廉，软件公司总经理，他的故事就是这样一个最生动的例子。你能想象吗？他的专业是舞蹈演员，一名普通的文艺兵，后来由于改行，1988年到1990年就读于斯坦福大学，获计算机硕士学位，后来回到中国，做了IBM中国公司网络顾问、经理，最后又加盟了友邦软件公司，坐上了总经理的金交椅。

王嘉廉1955年出生于大连一个武术之家，父亲是全国武术比赛冠军。由于从小受父亲的培养，王嘉廉武术功底很不错，进了少年宫学习舞蹈。长大后进了北京二炮文工团，当上了一名普通的文艺兵。

1978年，王嘉廉又考上了中国歌舞团。但是，这时候他已经强烈地感受到了时代的变化。他问自己："跳舞能跳多久？是不是应该改行？"这样，1979年，他开始学习英文，1983年8月，他又申请到美国念书。

1984年1月，王嘉廉正式在大学念书；1987年5月，从新泽西州立大学计算机系毕业。3年时间里他学了42门课，其中36门成绩是A，剩下6门是B。

1988年王嘉廉到了斯坦福大学，花了一年半时间读完了硕士。1992年后回到中国，仅仅几年时间，他取得令人瞩目的成就，而这是他当年做舞蹈演员的时候连做梦也不敢想象的。改行改变了他一生的命运。

你是司机，不妨学一下修车；你是内科医生，不妨学一下保健；你是律师，不妨学一下期货投资……只要有能力，多学点东西总是有好处的。

时刻留心你自己的天空上方

　　有的人把机遇比作既美丽又调皮的小天使，它们在人们头顶上飞来飞去，有时候它会一不小心掉下来，砸中某一个人，这个人就是幸运儿。但是天上掉馅饼的事太少，所以你要学会在机遇从头顶上飞过时跳起来抓住它。这样，你的机会就会增加，当然，你成功的概率也会增大。

　　谁都知道，机遇不是满天飞的，也不是伸手一抓就能抓一大把的，所以要时刻留心你自己的天空上方，最好也多多留心别人的天空。毕竟机遇太少，不是整天像馅饼一样从天上往下掉。所以，一旦发现，赶紧行动，抓住它，别错过了大好良机。

　　有些人听完后就会感叹："机遇什么时候会从天上往下掉？会掉在哪里？会不会砸中我……唉，我哪里有这么幸运，要是有一个机遇砸中我，我就不会是这副穷德行了。"像这样总是鬼迷心窍怨天尤人的人，他要怎么样才能成功啊！这个故事是想告诉我们，要经常保持对机遇的警觉，等它出现时，赶紧行动起来抓住它，而不是要你等待机遇从天而降。

　　张丽毫无疑问就是这样一个善于抓住机遇的传奇女性。1986年到1989年，她一直在当普通的记者，但后来因为抓住了几个千载难逢的机遇，她一手创办了瀛海威信息通信公司，现在又成为盛华元通国际投资管理公司的总裁。她是怎样一步一步地走向成功的呢？

　　张丽，1963年7月出生于辽宁抚顺。上高中时，她就参加了全国的数学和物理竞赛。由于那时所有人都在谈论"科学的春天"，女同学都在幻想有一天去当居里夫人，张丽因此选择了化学。上大学时，大家都觉得自己是"天之骄子"。1986年，张丽从中国科技大学毕业，到《中国科技报》做了一名记者。直到这时候，张丽也不知道自己想要做什么，于是她就在报到的3个月后，选择了结婚生孩子。对此，报社总编非常生气，觉得不可理解，认为身为中国科技大学第一任的女学生会主席，不应该如此不求上进，甚至决定以后再不要科技大学的毕业生了。

1989年张丽离开了报社，到了科学院的高技术企业局，但是她很快发现自己并不适合做科学，也不适合做官。1991年年底，她又面临一次机遇的选择—是去科学院下面的公司，还是自己出来做点事情呢？张丽没有错过这次机遇，毅然选择了从零开始，一分钱没有，成立了自己有生以来的第一个公司：天树策划。

1994年年底到1995年年初，又一次机遇来到了，张丽接触了通信这一体制落差相当巨大的市场，包括移动通讯市场。它们都是凭借一个资源，带动一个很大的市场空间。而这时寻呼和策划等行业都从暴利迅速变成了微利，于是，在这样的情况下，张丽选择了走入Internet行业。没有明确目标，也没想清楚要做什么，她只是凭着一种直觉撞进了这个市场。感觉要想获得很好的商业和产业机会，一定要做一件迎合经济变化的事情，而不是在固定的经济秩序中寻找自己的位置。就这样，不久后促成了瀛海威公司的诞生。

1998年，张丽在一手缔造了瀛海威的黄埔军校后，因为种种原因辞职了。这以后几乎每天都有风险投资人来找她要向她投资。曾经有人这样说："你只需编一个故事，不管真假，只要许诺去做，我马上给你投400万美元。"但是张丽拒绝了。她觉得自己没有必要再去做自己做过的事情，她要寻找和等待新的机遇的出现。

而这机遇很快就出现了，不久中桥投资基金和她走到了一起，成立了盛华元通投资管理公司，张丽出任总裁。她又一次开始了挑战自己，超越成功，她的传奇故事也又一次成为年青一代们永远的追求。

机遇是对人生的一种态度，它存在于每个人的心中。你心中坚

怕，就会输一辈子

强的意志,会把天空的机遇拉过来。等你落地时,你会欣慰地说:
"看,我抓住的这个东西,就叫作机遇。"心听到后,对你笑笑说:
"它就是你的。"机遇就是这样,它不折不扣地存在,关键是你是
否注意到它的存在。天空中什么样的机遇都有,而且它从不拒绝那
些对机遇贪婪的人去占有它。

有些人根本不相信自己,不相信自己能配得上机遇,更不相信
自己能凭本事抓住机遇。就因为他们这么没志气,所以命运才会一
而再,再而三地捉弄他们,以示惩罚,让他们一次次看着别人的"幸
运",在一旁赞叹、评论、讽刺、诋毁、嫉妒。有的人只用机遇阐
释成功,他们认为那些成功的人就是幸运而已。实际上,成功人士,
都有一定的优秀品德,他们的成功可以说是必然的。

你若跑在了前面,你的梦想就实现了

虚幻的梦想的力量真的是不可预测的吗? 不错,只要你将它付
诸于实际行动,那看似遥远的梦就会成真。

因为你有梦,所以在你内心深处就能激发出一种力量。它带给
你更积极的态度,而你会比别人更认真,凡事都怕认真二字。你想
在芸芸众生中出人头地,你想安富尊荣的梦想会一直推动着你前进。
你的梦中充满了光明和希望,你会追逐着它前进,由于你一直在跑,
时间长了,你就跑在了前面,你的梦想就实现了。

看周围多少人一直忙忙碌碌,却还是平庸,成功的人总是寥寥
无几。这个世界上平凡的人太多,他们骑自行车上班,不敢梦想会
有一辆属于自己的汽车;他们走过饭店囊中羞涩时,只能眼巴巴地
看着别人潇洒地买单;面对种种高级的物质享受,以及成功的喜悦,
他们总是望而却步。如果你连想都不敢想,那么你肯定与成功无缘了。

Part 3 全力以赴,让梦想照进现实

所以不能认命，不要被现状吓倒，虽然某些东西现在不属于你，但并不代表它们永远不属于你。对于你羡慕的一切，只有你梦想着去拥有它们，你才可能成功，因为有希望才会有机会。如果你老是妄自菲薄，自怨自艾，对自己没有多大的期待，最后会习惯地把一个个梦想掐死在心灵的襁褓中，长此以往，你就注定一生卑微。

　　只要你还梦想着拥有你羡慕的一切，你就还有希望成功。如果连期待都没有，还经常不相信自己会成功，那成功对于你来说根本就是不可能的事，你将停留在起点，永远不会进步。现在的落后与平庸还有情可原，但将来还是平凡或者贫穷就是一件悲惨的事了。

　　一个人的态度很重要，如果他积极、向上、认真、一心一意，这将成为他成功的筹码。这是一笔无可估量的财富，它所引导成功的力量是巨大的。如果他三心二意，今天梦想这个，明天期待那个，梦想着一事，却又从事另一事，那么这种努力是徒劳无功的，最后还有可能被人耻笑。

　　对于我们来说，失去向上的心态，失去希望，是最可怕的。就像好多得了绝症的病人，一个有良好的心理状态，有积极的精神态度的人，会奇迹般地活下来。而那些过分地关注病情的变化，期待着某种症状的出现来印证他们的感觉的人，会不断地衰弱，甚至于死亡。实际上他们失去了健康的梦想，他生命活力的源泉也就逐渐枯竭了，即使靠药物维持，也不过是在等待死神的降临而已。而对健康的渴望，有时却能奇迹般地治愈疾病。

　　现在癌症在医学界仍然是无药可救的，但是有一批癌症患者陆续地摆脱了它的困扰，健康快乐地活了下来。上海有一家癌症俱乐部，俱乐部的成员自然人如其名：身患癌症。这家癌症俱乐部一直在不断制造着奇迹。医学专家面对这样一群人时，困惑了，几经周折，还是找不到答案。后来心理学家通过调查对此做出了解释：凡是痊愈的人，无一不怀着强烈的希望，他们一直期待着有一天能痊愈，这种积极的心态从来没有停止过，它激发了人类潜在的机能，

怕，就会输一辈子

目前我们还不了解这种神奇的机能是怎样发挥作用的，这需要我们去探索答案。但是心理学家仍然坚定不移地告诉世人：梦想的力量是不可预测的，是超乎人们的想象的。

建行董事长张恩照，最初只是一个研究所的研究人员，现在却是身价达 6 亿的成功的银行家。在研究所时，他为孩子上小学的学费急得愁眉苦脸，现在却每年拿几百万、上千万来兴办希望小学。在一次记者招待会上，他的夫人感慨地说："这样的生活真是以前做梦也不敢想的。"人们听过后，问这位银行家："你当时也是这样，做梦都不敢想这样的生活吗？"这位银行家回答说："我没有梦想到现在生活的细节，但我曾在报纸上看到过一篇介绍美国亿万富翁生活的文章，当时我就有了自己也做亿万富翁的美梦。"

除却他的奋斗、才能、机遇不讲，如果说当初没有梦想，也许张恩照这一生都无法寻求到一种力量，能够推动着他走向今天这样的位置，而他也不可能跻身于亿万富翁的行列。

付诸行动，才能走向梦想的终点

有些人很长时间没有成功，就变得消极、暴躁、沮丧，这时他的梦想已经破灭了。因为真正的梦想是永远不会死的。真正的梦想是关于美好的未来，更快乐的生活、更满意的工作，更深更持久的快乐。它们围绕着健康、乐观、欢笑、亲情和友情、满足、希望及成功……这一切都值得去想。

梦想带给你的全是美好的东西，它不会带给你压力，它是用来免除烦恼的。

梦想只是成功的起点，梦想的实现才是成功的终点。人们都能轻易地站到起点，但是走到终点的人却寥寥无几。因为空想者缺少将梦想变为现实的决心。只有用辛勤的汗水去浇灌梦想，你的梦想之花才会结果。怕在成功的征途上吃苦头的人，梦想只是他们对于成功的一项空白的承诺。若对成功有了最初的蓝图，要付诸行动，才能走向梦想的终点。

　　人世间最辛苦的是农民，他们尽人力，听天命，勤勤恳恳地耕作着他们的土地，满怀希望地期待着收获的季节。如果他们收获了，那么皆大欢喜。可是如果遇上了足以让硬汉哭泣的蝗灾，或者碰上了罕见的洪水，你能体会他们的伤痛吗？他们会在无可挽回的损失面前，默默地，带着些悲痛，怀着些希望，再一次播下收获的希望。你能体会农民的伟大吗？

　　对于世人来说，我们更需要学习农民的高尚品质—感伤损失却不因感伤而放弃。在自己生命的田野上耕耘，要想收获成功，就要像农民一样，不绝望，不断地耕耘着梦想。这就是梦想不死的原因，它让你为之日复一日，年复一年地去追求，最终走向成功。

　　你有没有想过梦想成真后，会有什么好处，会有什么坏处。如果你坐拥亿万资产，你会怎么回报在你困难时曾经帮助过你的人们？当朋友们或家人向你借钱时，你会怎么应付？你会不会因为有了女秘书而忘记了贤妻？你还会像以前一样为吃一顿廉价的火锅筹算半天吗？你是否有勇气让别人了解真实的你？

　　我们需要梦想成功的那一天，但是只想要梦想它带来的喜悦，而不要梦想它带来的烦恼。如果你现在贫穷，那么去梦想你成为千万、亿万富翁的生活；如果你现在没背景，去想象你进入上流社会时的光荣；如果你现在没事业，去想象你飞黄腾达时，别人要你写自传以教育更多—如你当初曾经穷困无助的后进的荣耀。想象梦想成真，会激发你的体内的一切冲动与热情，让你为梦想而奋斗。真正能激励你成功的梦想是奠基于你的价值观及信念之上的。

　　所以梦想一定要与你的价值观和信念一致，你才会走向成功的正轨。

人的一生就像是一块土地，你的梦想就是种子，要想取得好收成，就要不断耕作，为它除草、浇水；如果一直不能成功，就要换一种思维，播种另一类种子。你是否在意过那些成功的人？他们也是同时播种几个梦想的种子，并且付出相应的努力，最终才找到一个奏效的，于是他们成功了。第一次写作的人就能将文章发表，第一次投资某项经营的人就发了大财，第一次唱歌的人就成为明星……这种幸运儿很少。的确，在生命的田园里，第一次播种就能有好收成的人真是太罕见了。

所以，在成功的旅途中，难免会遭受挫折，要想成功，就要不断播种梦想。在走过一个个人生低谷后，播种新的梦想就更显得弥足珍贵。这样梦想就是阶段性的了。

一个梦想成功后，你满足吗？不满足的话，就继续播种新的梦想与希望。

只有不满足，你才会从弱者变成强者，从失败走向成功，从苦难走向幸福，从贫穷走向富裕。

当你碰上麻烦时，你该怎么办？当别人误解你时、当事情出现问题时、当你犯了错误时、当你遭遇失败时、当一切似乎都暗淡无光时、当问题看起来没有良好的途径解决时，你会怎么做呢？

难道你甘心被困难压倒吗？难道你只是无奈地叹息，而选择无声的逃避吗？

面对困难你要激励斗志，把不利条件转变为有利条件。你要确定你需要什么。当你认识到你所向往的目标能够并将要实现时，你应该用切实而清醒的思考并积极行动。

有位哲人说过："每种逆境都含有等量利益的种子。"你是否感受到，成就很大的人，都曾承受过巨大的苦难，或有过非常不幸的经历。如果没有这些东西，他们会取得那么大的成功吗？这不都是活生生的例子吗？

持续地播种新的梦想能让你取得一个又一个成功，永不满足能够激励你取得成功，最后你的田园会盛开永不凋谢的鲜花。持续地耕耘、努力，不断地播种梦想，这就是成功的金钥匙。只有你不满足，你才能从弱者变成强者，从失败走向成功，从苦难走向幸福，从贫穷走向富裕。

怕，就会输一辈子

Part 4

挫折面前，没什么可怕的

挫折是人生最宝贵的财富。我们应当在挫折中找到奋斗的源泉，要越挫越勇。因此，不要幻想生活总是那么圆满，生活的四季不可能只有春天。每个人一生都注定要跋涉沟沟坎坎，品尝苦涩与无奈，经历挫折与失意。挫折，是人生必须经历的一课。

在漫长的人生旅途中，挫折并不可怕，受挫折也无须忧伤。只要心中的信念没有萎缩，你的人生旅途就不会中断。

能绝处逢生的人，必有坚强的意志

伟大的德国作家歌德曾说过："能从绝望的处境中逃脱的人，必能学会坚强的意志。所以不要只是一味地烦恼，应立即采取行动，使自己从绝望中逃出来，你要相信新的一天会将你带到新的地方去。"

你觉得"信心"是一种摸不到、不实在的东西吗？你觉得它无法达到我们一再向你保证的那些目的吗？

有一位名叫杰米的水兵，被大浪冲下甲板。他身上并没有穿着救生衣。当时是凌晨4点，他置身茫茫大海，远离海岸。没有人知道他上了甲板，当他落水的那一刻，他知道自己获救的机会几乎是零。可是，年轻的杰米并不惊慌失措，他把身上的粗棉布衣脱下，同时在裤脚打结，让里头充满空气，把它当作临时的救生圈，最终，他获救了。

根据他事后的追述：

当时他力图镇定。他以一个下士的训练告诉自己："不要担心未来。"他想，8点集合的时候，他们就会发现他不在船上，然后会派出救生艇出来搜救他，因为他们这条战舰的航行路线，跟一般商船的路线不大相同。

他异常地镇定，偶尔还试着把头靠在充气的棉布衣上休息。可是波浪却不停地拍打着他，让他无法入睡。他抑制心中的恐惧，依赖他的信心，不断地暗自祈祷："主，请救救我吧！主，请救救我吧！"

可是，隔天早上，依然没有船只的影子，他开始有些消沉。由于受到海浪拍打，并喝了不少海水，他的身体变得相当虚弱。可是，他不曾失去信心，仍然不停地祈祷："主啊，请你救救我吧！"

那天下午 3 点，也就是在他落水后的第 11 个小时，他被一艘叫"执行者"的美国货轮上的水手发现，而水手都觉得相当吃惊。

可是，更令他们难以理解的是，船长说不出他为什么要把船从平日的航线更改为跟杰米所搭的战舰交叉的航线。要是他们不这么做的话，他根本不会经过原本在几百里外的大洋，来到等候救援的杰米身边。

杰米被救上来时，精神还算不错。他独自走上"执行者"的绳梯，而船上的水手都为他欢呼。

读过这篇报道后，你是否还会怀疑"对那些满怀信心的人来说，没有不可能的事"这句话呢？

到底是什么力量促使那位船长改变航线，将船航行到大洋中，把一个坚信自己信念的人救起来的呢？

心灵和精神影响所及的范围是没有极限的。你有多大的信心呢？在读过这个故事后，该会更坚定吧。你也许没有机会在这种急迫的环境里去测试自己的信心，但是，对于日常生活的琐事，你大可很轻易地去完成。要是你坚守信念的话，相信在某些年后，你将会有所成就。

而这种信心应该是明确的、期望性的、毅然的、真诚的，要不然它便产生不出"特别的力量"，对你也就无所作用。

万一身处险境，千万不要期待能在某一时间内得到回应，因为上天是不会在这段时间内觉察到的。限定时间不仅会使你紧张，而且对自己能否及时得到援助也会感到怀疑。你所要做的，只是确信救援会及时来到。杰米就是以如此的心态，以上天所给予的本能挣脱命运束缚，进而获得"上天"提供的援助和指引，最终战胜危难。

在杰米满怀信心，口中复诵"主啊，请你救救我吧"时，他对自己没有丝毫怀疑，一直深信自己将会被解救，而事实也果真如此。

毫无疑问，在前进的道路上总会遇到困难，如何面对困难是每个人都要面对的问题。

少数人把困难看作一次机遇和挑战，他们往往在困难面前毫不犹豫地采取主动，这些人通常是成功者；而多数人只是被动逃避困难，即使是一个小小的问题也足以摧毁他的意志，面对困难，他们很容易陷入一种无力的状态之中。

下面介绍三种摆脱困难的方法。

第一种解脱困难的方法：困难真的是"永远存在"的吗？你可以先不要给自己下结论，朝它可能是暂时性方面想想看。也许你很幸运地在仔细考虑之后，发现那困难的确只是一个暂时现象。但如果你始终无法找到有力的证据，那么索性不要找现实中的证据了，用你的想象力反复告诉自己"这一切总会过去"多重复几次你一定会从第一种陷阱中爬出来。

第二种解脱困难的方法：是问题"无所不在"，还是你把问题一直带在心里？不要轻易成为问题的牺牲品。换个角度，不要再去想那个"无所不在"的问题，而多花些心思用在解决问题上，也许那个"无所不在"的问题是个很容易解决的问题。即使无法解决这个"无所不在"的问题，也不用每时每刻把它挂在心上，因为这个问题最多只能影响你的一部分；如果它毁掉了你的全部生活，也是你那个"无所不在"的想法助长了它的破坏力。"无所不在"的问题对你的整个生命来说，只是个小问题，试着去解决，解决不了就把它丢掉。

第三种解脱困难的方法：有人出了问题，他大声叫道："见鬼，我又出错了，一切都没错，只有我是错误的！"把所有问题全部往身上揽并不是一种美德，这种习惯的养成最初可能只是一次由你小小的错误而发生，于是让你产生这种"一切都因为我才……"的怀疑，然后你自己把这种怀疑变成一种反面的信念。于是你真的变成了一个失败者。当第一个问题出现时，千万不要让自己有机会产生这种"问题在我"的怀疑。亿万富翁也会有破产的一天，所以你不必为自己的有限储蓄不思进取，最可靠的保证是你每天都在进步而

怕，就会输一辈子

不是倒退。只有那种进取的生活态度才是最令人放心和欣慰的。

永远地摒除心中的疑难，因为"只要坚信，梦想便会成真"。

不怕跌倒一次，只怕跌倒第二次

拿破仑有一员大将叫马塞纳，平时他的真面目是不显露出来的，但是当他在战场上见到遍地的伤兵和尸体时，他内在的"狮性"就会突然发作起来，让他打起仗来就会像恶魔一样勇猛。

除非遭到巨大的打击和刺激，人类有几种本性是永远不会显露出来，甚至永远不会爆发的。这种神秘的力量深藏在人体的最深处，非一般的刺激所能激发。但是每当人们受了巨大讥讽、凌辱、欺侮以后，便会产生一种新的力量。一旦这种力量发挥出来，就能做从前所不能做的事。

如果拿破仑在年轻时没有遇到什么窘迫、绝望，那么他决不会如此多谋、如此镇定、如此刚勇。

有一种人，他一生中所获得的每一个成功，都是与艰难苦斗的结果，都是发挥了自己的真正力量。所以，他现在对那些不费力得来的成功反倒觉得有些靠不住。他觉得，克服障碍以及种种缺陷，从奋斗中获取成功，才可以给人以喜悦。他喜欢做艰难的事情，因为艰难的事情可以测验他的力量，考验他的才干。他反而不喜欢容易的事情，因为不费力的事情不能给予他振奋精神、发挥才干的机会。

有位家境非常贫寒的大学生，在四年的大学生活中，常被那些家境富裕的同学嘲笑。他不是被嘲笑衣衫褴褛，便是被讥笑穷相毕露。受到同学们这样的讥笑，他不为讥讽所屈服，而是立志要做一个伟人。后来，这个青年果然有着惊人的成功。他说，自己在学生时代所受的种种讥笑反倒成了对他雄心的最好激励。

在绝望境地的奋斗，最能激发人潜伏着的内在力量；没有这些奋斗，便永远不会发现自己真正的力量。如果林肯是生长在一个庄园里，进过大学，他也许一辈子不会做到美国总统，更不会成为历史上的伟人。一个人如果一直处在安逸舒适的生活中，便不需要自己的努力，也不需自己的奋斗。林肯之所以这般伟大，是因为他不断地与逆境苦斗着。

当巨大的压力、非常的变故和重大责任压在一个人身上时，隐伏在他生命最深处的种种能力才会突然涌现出来，能够让一个人无坚不克地做出种种大事来。

历史上有无数这样的例子。为了补救身体上的缺陷，许多人养成了可贵的品格，造就了一番丰功伟绩。一些相貌极平凡，甚至长相丑陋的女子，往往能在学业和事业上进行不懈的努力，最后竟能做出意想不到的事业来，这可看作对她们长相的一种补救。

据说有一个英国人，生来就没有手和脚，但他竟能如常人一般。有一个人在好奇心的驱使下特地去拜访他，看他怎样行动，怎样吃东西。谁知那个英国人睿智的思想、动人的谈吐，竟叫那个客人十分惊异，完全忘掉了他是个残疾人。

美国著名成功学家温特·菲力说："失败，是走向更高地位的开始。"许多人之所以获得最后的胜利，只是受惠于他们的屡败屡战。对于没有遇见过大失败的人，反而不知道什么是大胜利。通常来说，失败会给勇敢者以果断和决心。的确，逆境可以激励人心，帮助你战胜生活之路上的"恐怖地带"。

一个人，如果在失败之后，不去挖掘自己潜在的力量，不去重新奋战，那么等待他的就还会是失败。只有在失败后发现自己真正能量的人，才能获得成功。

奥里森·马登这样说道："我们的身边有许多人不知道自己到底能做什么，只会羡慕别人的成功；还有一些人是知道自己该做什么，但就是做不好。这些人都共同存在一个问题，那就是他们还没有找到自己身上真正的力量。"因此，逆境会像恶魔一样缠绕在你身边，引起你的恐慌。但是对逆境存有一种恐慌心理，是没有用的。对于那些成功者而言，所有的逆境都不是恐怖地带，而战胜逆境却是在展现自己真正的力量。

因为特殊缺陷与困难的刺激，并不是人人都有的，所以世界上真正能发现"自己"、把自己最好最高的强项发挥出来的人并不多见。有许多人连做梦也没有想到在自己身体里面会蕴藏着巨大的能量。

爱默生说："伟大高贵人物最明显的标志，就是他坚定的意志。不管环境变化到何种地步，他的初衷与希望仍然不会有丝毫的改变，而终至克服障碍，以达到所企望的目的。"跌倒了再站起来，在失败中求胜利，这是历代伟人的成功秘诀。有人问一个孩子，他是怎样学会溜冰的？那孩子回答道："哦，跌倒了爬起来，爬起来再跌倒，就学会了。"使得个人成功、使得军队胜利的，实际上就是这样的一种精神。跌倒不算失败，跌倒了站不起来，才是失败。

很多人回首往事，总觉得一事无成。想到自己在衷心希望成功的事情上失败了，曾经至爱的人，竟然离他而去，也许他们曾经失掉了职位，或是事业失败，或是因为种种原因而不能使自己的家庭得以维系。于是他们觉得自己的前途似乎是十分惨淡的。而事实却不是这样的，只要你不甘屈服，胜利就在远方，在向你招手。

只有毫无畏惧、勇往直前、永不放弃人生责任的人，才会在自己的生命里有伟大的进展。

可是有些人失败过几次后便自暴自弃了！但是，对意志永不屈服的人，无论成功是多么遥远，失败的次数是多么多，最后的胜利仍然在他的期待之中。狄更斯在他小说里讲到一个守财奴斯克鲁奇。斯克鲁奇最初是个爱财如命、一毛不拔、残酷无情的家伙，他甚至把全部的精神都钻在钱眼儿里。可是到了晚年，他竟然变成一个慷慨的慈善家，一个宽宏大量、真诚爱人的人。狄更斯的这部小说并非完全虚构的，世界上也真有这样的人。人的秉性都可以由恶劣变为善良，人的事业又何尝不能由失败变为成功呢？生活中到处都有这样的例子。许多人失败了再站起来，沮丧却又不怕挫折，抱着不屈不挠的无畏精神，向前奋进，最终获得了成功。

真正伟大的人，无论面对多么大的失望，也不会失去镇静，这样的人终能获得最后的胜利。在狂风暴雨的袭击中，那些心灵脆弱的人唯有束手待毙，但有些人的自信精神却依然存在，而这种精神使得他们能够克服外在的一切困难去获得成功。

有许多人，虽然他们已经丧失了他们所拥有的一切东西，然而还不能把他们叫作失败者，因为他们心中仍然有一种不可屈服的意志，有着一种坚韧不拔的精神。这样的人，总有一天也会成功。

畏避困苦的人，一生只能做些小事

有人向一个纽约的商人保荐一个少年，在他向他的友人举出了那个少年的种种优点时，商人这样问："他有耐性吗？这是最要紧的事。他能坚持吗？"

是的！这是你的终生问句："你有耐性吗？你有坚韧力吗？你能在失败之后，仍然坚持吗？你能不管任何阻碍，仍然前进吗？"

坚忍的意志是一切成大事业的人的特征。他们或许缺乏其他良好的素质，或许有种种弱点、缺陷，然而坚忍的意志却是成大事业的人所决不会缺少的涵养。劳苦不足以灰他们的心，困难不足以失他们的志，不管事情怎样，他们总会坚持忍耐着，因为坚韧是他们的天性。

世界上没有一种东西可以比得上、可以替代"坚忍的意志"。

教育不能替代，多财的父母、多势的亲戚以及其他一切都不能替代。

用"坚忍的意志"当作资本从事事业的青年人，其能成功的可能性，比那些以金钱为干事业的资本的青年要大得多。人们的成功史，每时每刻都在证明"坚忍"可以使人脱离贫穷，可以使弱者变成强者、无用成为有用。

已故的克勒吉夫人曾经说过，美国人的成功秘诀，就在于他是不怕失败的。他心中想要做一件事时，必有全部热诚全力以赴，简直不想任何失败的可能；假使他失败了，他会立刻站起来，抱了更大的决心向前，那么成功而后已。

普通人在事业上一经失败，就一败涂地、一蹶不振。然而那些有坚韧力的人、能够坚持的人、不知在何时才算受挫的人，是不会一败涂地的。他们纵有失败，然而他们不以那个失败为最终的命运。每次失败之后，他们会以更大的决心、更多的勇气站起来继续前进，直至得到最后的胜利为止。

你曾经看见过一个做事时不管情形怎样，总是不肯放弃、不肯丧气，而在每次失败之后都会含笑起立，以更大的决心冲向前的人吗？你曾经看见过一个不知失败为何物，一个像格兰德将军一样不知在何时才算受挫，一个要将"不能""不可能"等字眼从他的字典中除去，任何困难和阻碍都不足以使他倾跌，任何灾祸和不幸都不足以使他灰心的人吗？假使你曾经看见过这样一个人，那你曾经一定看见过一个伟大的人，一个非同寻常的人了。

大胆、无畏永远是成就伟大事业的人的特征。生来胆小不敢冒险，而畏避困苦的人，自然一生只能做些小事了。

当你在事业上有"向后转"的念头时，你就该注意了。这是最危险的时间，也是有关出路的关键！历史上的许多伟大事业，都是在大多数世人想要"向后转"的时候所成就的。

几乎每个造福人类的科学发明，都是出于那些有极强的坚韧力的人之手。霍乌在设法发明缝衣机时所承受的痛苦、贫穷与损失，恐怕能够忍受得下的，一万人中没有一人。世界上的一切大事业的成就，都是假手于那些别人放弃而自己还在坚持的人。一个能够坚持，在旁人笑他为不智时还是坚持的人，那他的前程，多半是"可畏"的！

许多人做事有始无终：开始时满腔热忱，但到了中途，往往会颓然而返，就因为他们没有充分的坚韧力使他们达到最终的目的。在满腔热忱、意气豪迈的时候，做事是何等的容易！所以开始做一件事是不费力的；而我们也不能在开始做事的时候，估量一个人真正的价值。我们不能以竞赛起步时的成功评判人，而应该以抵达终点时的成功评判人。

做一件事，能否不达目的不肯放手，是测验一个人的品格的一种标准。坚持的力量是最难能可贵的一种品德。许多人都肯随着大众而向前，在情形顺利时，也肯努力奋斗；但是在大众都已退出，都已向后转，而自己觉得是在孤身作战时，仍然坚持不放手，这就很难了，因为这是需要坚韧力，需要毅力的。

适度享乐而不忘道德

犹太教的一位拉比说："适度享乐而不忘追求善行的人才是最贤明的。"理想的人格决不是那种闭眼不看世界、逃避尘世乐趣的禁欲主义者，而是知道如何享受生活却又能不越出一定限度的人。

在《塔木德》中有一则关于道德与享乐之间的关系的寓言，其中以比喻的方式表达了他们的看法。

有一艘船在航行途中遇到了强烈的暴风雨，偏离了航向。

次日早晨，风平浪静了，人们才发现船的位置不对。同时，大家也发现前面不远处有一个美丽的岛屿。船便驶进海湾，抛下锚，

怕，就会输一辈子

作暂时的休息。

从甲板上望去，岛上鲜花盛开，树上挂满了令人垂涎的果子，一大片美丽的绿荫，还可以听见小鸟动听的歌声。

于是，船上的旅客自然地分成了五组。

第一组旅客认为，如果自己上岛游玩时，正好顺风顺水，那就会错过起航的时机。所以不管岛上如何美丽好玩，他们都坚持不登陆，守候在船上。

第二组的旅客急急忙忙地登上小岛，走马观花地闻闻花香，在绿荫下尝过了水果，恢复精神之后，便立刻回到船上来。

第三组旅客也登陆游玩，但由于停留的时间过长，在刚好吹起顺风之时，以为船要开走而慌慌张张地赶回船上来，结果，有的丢了东西，有的失去了好不容易才占下的理想位置。

第四组的旅客虽然看到船员在起锚，但没看到船帆扬起，而且以为船长不可能扔下他们把船开走，所以，一直停留在岛上。直到船要起航之时，他们才着急忙慌地回到船上来。其中有些人为此受了伤，直到航行结束也没有痊愈。

第五组旅客由于在岛上陶醉过度，没有听到起航的钟声，被留在了岛上。结果，有的被树林中的猛兽吞吃了，有的误食有毒的食物而生了病，最后全部死在岛上。

在拉比的解说中，故事中的船象征着人生旅途中的善行；岛则象征着快乐，各组旅客象征着对善行和快乐持不同态度的世人。

第一组的人对人生的快乐一点儿不去体会；第二组的人既享受了少许快乐，又没有忘记自己必须坐船前往目的地的义务，这是最贤明的一组；第三组的人虽然享受了快乐并赶回了船上，但还是吃了些苦头；第四组也勉强赶回船上，但伤口到目的地还没有愈合；人类最容易陷入的还是第五组，往往一生为了虚荣而活着。

背着包袱的人是走不远的

聪明人把精力放在该做的事上，而不是整天背着忧虑的包袱，使自己怯于前进，且神经紧张，完全丧失了做事的精力。比如，所谓的"神经衰弱"者就是这样产生的。

不少人往往夸大"危急形势"带来的潜在"惩罚"与"失败"。我们要不就是用自己的想象来同自己作对，把事情小题大做；要不就是完全不用自己的想法认识真实情况，而是作出习惯性的和不假思索的反应，仿佛每一个小小的机会或威胁都是生死攸关的大事。

如果你面临真正的危急关头，那么就需要产生大量的兴奋感。兴奋感在危急关头能带来很多好处。然而，如果你过高地估计了危险或困难，对错误的、歪曲的或不真实的信息作出反应，你就很可能产生过度的兴奋。由于实际威胁远远不像你估计的那么严重，所有这些兴奋感就不能得到适当的利用，不能通过创造性行为"排除掉"，于是它们就留在你的心里，封存起来，成为烦躁心理。极度的过量兴奋有害而无益，就是因为这种兴奋太不适当。

哲学家和数学家罗素谈到过一种应用于自身的缓和过度兴奋的技巧：

"遇到不幸的威胁时，认真仔细地考虑一下：最糟糕的情况可能是什么？正视这种不幸，找到充分的理由使自己相信，这毕竟不是那么可怕的灾难。这种理由总是存在的，因为在最坏的情况下，个人身上发生的一切也绝不会重要到影响世界的程度。你坚持面对最坏的可能性，怀着真诚的信心对自己说，'不管怎么样，没有太大的关系。'这样，经过一段时间后，你会发现你的忧虑减少到了一个非常小的程度。也许你需要把这个过程重复几次，但是到最后，

怕，就会输一辈子

如果你面对最坏的情况也不'退缩'了，那就是说你的忧虑已经完全消失，代之而起的是种喜悦之情。"

19世纪英国著名作家、历史学家和哲学家卡莱尔曾经证实，同样的方法把他的前途从"永久的否定"转变为"永久的肯定"。他曾一度在精神上陷入深深的绝望之中：

我的星辰已经消隐了，阴沉的天幕上没有闪烁的星光……宇宙像是庞大、死寂、无法抗拒的发动机，在死一般的冷漠中不停地转动，把我的躯体一点点地碾碎。

在这种精神颓废之中，忽然出现了一条新的生活之路：

我问自己你惧怕什么？你为什么要像一个懦夫，只知道抱怨与悲泣，只会退缩和颤抖？可怜虫！你面前最可怕的东西能是什么？死亡？好，那就去死，再加上地狱的痛苦，加上一切魔鬼和人类可能给你带来的伤害！假如你没有心肝，就不会承认死亡的一切苦难；你作为自由之子，纵然被抛弃，也要把地狱踩在脚下，这时候死亡又能把你怎样？让死亡来临吧，我将迎接它，战胜它！在我这样想的时候，好像有一团火焰在我整个心灵中燃烧起来，使我把自卑下的恐惧永远抖落掉了。我感到一股强大的、不可名状的力量，那是一种精神，甚至是一位神灵。从那以后，我抑郁的秉性改变了，不再是恐怖或者哀怨，而是愤怒和蔑视。

罗素与卡莱尔所告诉我们的是，即使在非常现实和严重的威胁或者危险出现时，我们也要保持一种进取的、追求目标的态度。

不过我们大多数人都听任自己被非常微小的，甚至是想象的威胁"抛出正轨"，还偏要把这种威胁解释为生死攸关的局势。有人说过，各种积弊的最重要原因是小题大做。一位拜访重要顾客的推销员可能会把他的行动看作生死存亡的大事；一位初入社交界的少女可能把第一次舞会当作她终生的判决；很多人为了寻求职业与别人面谈时"怕得要死"；等等。

很多人在危急关头所产生的这种"生死存亡"的感觉，也许是从我们遥远而朦胧的历史上继承的遗产。在当时，"失败"对于原始人来说往往是"死亡"的同义词。

不管它的起源如何，无数患者的经验证明，冷静而理智地分析形势就能克服这种毛病。你应当问问自己："如果我失败的话，最糟糕的情况可能是什么？"而不应当自动地、盲目地、不合理地作出反应。

经过详细的观察可以发现，日常生活中这些所谓的"危急关头"，绝大部分都与生死无关，只是一种进展或留在原地不动的机会而已。举例来说，推销员能遇到哪种最糟糕的情况呢？他或者是得到一份订单使自己的处境比过去好一些，或者根本拿不到订单，跟他访问顾客以前的处境没有什么两样；申请工作的人或是得到这份工作，或是得不到工作，他的地位也跟申请前一样；初入社交界的少女所能遇到的最坏的情况，莫过于停留在舞会前的默默无闻，而这仅仅是没有在社交界激起轩然大波罢了。

很少有人意识到态度这么简单地改变一下会有多大的潜力。有一位推销员，他把自己的态度从对前途的惊恐不安一"一切都取决于这一次"一改变为"我只会有收获而不会有损失"的态度，从而使收入翻了一番。

演员瓦尔特·佩吉奥讲过，他的第一次公开演出一败涂地，当时他"吓得要死"然而，在第二次出场之前，他对自己解释说，既然已经失败了，就不会再有什么损失。如果完全放弃演出，就只能是一个彻底失败的演员。因此，他要是再回到舞台上，就实在没有什么牵挂了。于是，第二次演出时，他举止轻松，充满自信，终于大获成功。

背着包袱的人是走不远的。简单一些，最糟糕的事也没什么大不了的。

怕，就会输一辈子

看似不见成效的努力，终将会有收获的一天

只要不断辛勤灌溉所种下的种子，执着地去做你认为正确的事情，那么你就必会走出人生的冬季，多年看似不见成效的努力，终将会有收获的一天。

霍华德·舒尔茨是咖啡吧大王，他在美国各地有1500多家分店，雇用近3万名职工。他谈起自己白手起家的奋斗史时说：

我小时候住在纽约市布鲁克林的房租低廉的住宅区。有一天夜里我躺在床上思量：要是有个水晶球能窥见未来，我会怎么样呢？不过我迅即抛开了这个念头。我的人生仍然漫无目标，只知道必须设法离开那里，离开布鲁克林。

后来我有幸上了大学，却不知道下一步该怎么走，也没有人为我指点迷津。我的父母都是劳工阶层，每天都必须为生活操劳，无暇顾及我。

我发现自己善于推销，便进了一家瑞典人开办的家庭用品公司工作。我表现出色，28岁就晋升为副总裁，薪金优厚。我买了一套住宅，又娶了个如花似玉的妻子，生活舒适愉快。

一般人有了如此成就，也许会志得意满，我却还想更上一层楼，决意要主宰自己的命运。就在这时候（20世纪80年代初期），一个奇特的现象引起了我的注意。西雅图有家从事零售业的小公司向我们大量订购滴滤式咖啡壶。这公司名叫"明星咖啡连锁公司"，虽只有4家小店，但向我们买这种产品的数量却超过百货业巨擘梅西公司。当时美国各地普遍使用电气咖啡壶，何以此器具在西雅图那么受欢迎呢？

为了查明原委，我前往西雅图。

明星咖啡连锁公司的总店朴实无华，却别具风格。一推开店门，浓郁醉人的咖啡香气便扑鼻而来。木柜台后面有一排箱子，分别装着从世界各地进口来的咖啡。靠着墙的货架上摆满各种咖啡用具，包括我想见的滴滤式咖啡壶。柜台服务员用勺子舀出少许苏门答腊咖啡豆子磨成粉，倒入滴滤式咖啡壶的滤格，浇下热水，冲一杯咖啡供我品尝。他把杯子递过来，咖啡的香气笼罩了我的脸。我浅尝了一口。

"哇！"我心里赞叹，不由得两眼圆睁。这是我有生以来喝过的香味最浓烈的咖啡，以前喝的咖啡相比之下像洗碟水。当晚我跟明星咖啡连锁公司的股东杰里·巴登一起吃饭。我以前从未见过有谁像他谈咖啡那样谈论某种产品。巴登不只是努力推销，他和合伙人戈登·博格都相信，他们所卖的都是顾客会喜爱的东西。这样的经商态度令我耳目一新，也为之心折。

我想说服巴登雇用我——老实说，此举似乎并不明智。我如果去明星咖啡连锁公司上班，就必须辞去现在的职位，而我妻子也必须放弃现在的工作。我的亲友，尤其是母亲，都认为我的想法没有道理。

我不禁想起7岁那年父亲工作时摔断踝骨，在家里待了一个多月的往事。他的职业是开卡车运送尿布，不上班就没有工资，我们一家人的生活顿时陷入困境。他一腿裹着石膏颓然地坐在长沙发上的情景，至今仍深深印在我的脑海中。但是，对我来说，明星咖啡连锁公司有不可言喻的吸引力。其后我在一年之内又找借口去了西雅图几趟。1982年春天，巴登和博格邀我去会晤公司董事长史蒂夫坦南·南瓦尔德。

会晤时的气氛极好。我告诉他们，我曾经用明星咖啡连锁公司的咖啡招待纽约的朋友，尝过的人都赞不绝口。我又指出，这公司其实可以大展宏图，发展成为全国最大的企业。

三位股东似乎很欣赏我的见解。第二天我回到纽约，急切等候巴登的电话。但是他们决定不雇用我。巴登说："你的计划好极了，只可惜不符合我们经营明星咖啡连锁公司的方针。"

我对明星咖啡连锁公司的前途仍深具信心，不想就此罢休。

第二天我又打电话过去。"巴登，"我说，"这不是为我自己想，而是为你们公司……"他倾听着，然后沉默了一阵。"让我再想一晚，"他说，"我明天给你回音。"次日早晨，电话铃一响我就拿起听筒。"我们决定雇用你，"巴登说，"什么时候来上班？"许多人一遇到障碍就打退堂鼓，但是我不会这样，我一旦有了目标，就一定会锲而不舍，全力以赴。我如此坚毅，一方面是凭着满腔热忱，另一方面是不畏惧失败。我常常想起父亲坎坷的一生。他为人诚恳、工作勤奋、爱护儿女，却一直不能掌握自己人生的方向，抱憾终生。

进入明星咖啡连锁公司一年之后，由于另一件事，我的人生又有了大转变。我去意大利米兰参观国际家庭用品展览，第一天早晨便注意到会场里有个小小的蒸馏咖啡吧，柜台后面有个高瘦的男人在笑吟吟地招呼顾客。

"蒸馏咖啡？"他问，然后递给我一杯。我吸饮三口就喝光了，不过咖啡的香浓至今难忘。

那天我见识了意大利咖啡吧的浪漫和营业作风，我于是开始动脑筋。我们何不开设咖啡吧，论杯卖咖啡，让他们不必自行研磨冲泡也能喝到我们的咖啡？

回到西雅图后，我向老板提出此计划，他们却不以为然，强调明星咖啡连锁公司是零售业者，不是餐厅或酒吧。他们还指出公司很赚钱，何必冒风险另辟蹊径？

我对公司当然应该忠心，可是我对咖啡吧计划也充满信心，认为值得一试，因此左右为难。之后，我决定实行自己的计划。在妻子的支持下，我于1985年冬天离开明星咖啡连锁公司，创办了"伊尔·乔尔纳莱公司"。

不到半年，我们在西雅图开的小店每天都有1000多位顾客光临。第一家公司开张6个月后，我们开了第二家，然后在温哥华开了第三家。

1987 年 3 月，巴登和博格决定出售咖啡连锁公司，我一听到消息，就知道非收购不可。伊尔·乔尔纳莱公司的股东都表示支持。于是，四五个月后，明星咖啡连锁公司便归我所有。我有了实现雄心壮志的机会，也肩负了将近 100 人的希望与忧虑，心里既振奋又恐惧不安。

就在这时候，我父亲病入膏肓。1988 年 1 月，我回家去见他最后一面。那是我生平最悲伤的一天。他没有积蓄，没有养老金，更糟的是，他不曾从工作中体会过尊严和成就感。

成功的秘诀，就在于确认出什么对你是最重要的，然后拿出各种行动，不达目的誓不罢休。

一个有着坚强意志力的人，便有创造的力量

好多人想用微温或将沸的水来推动火车，然后他们会感到很惊讶，火车为什么老是停着不动？这是因为要使水变为蒸汽，必须把水烧到华氏 212 度。华氏 200 度的温度，不能使水化为蒸汽，即使加热到华氏 210 度，也仍然不能。而只有水煮沸后，才能发出蒸汽来，这样才能推动机器，使火车获得前进的动力。至于温水是不能推动任何东西的。正如温水不能推动火车一样，如果用冷淡的态度对待工作，决不会有所成就，也无法推动生命的火车。

所以，我们不仅要有坚强的意志力，还应该具有使意志力趋于坚定的能力。如果没有这种能力，就像永远达不到沸点的水一样，那么靠水的蒸汽来推动的火车也只会停在原地。你是以怎样的态度来面对困难的呢？当困难来临的时候，你感到慌乱或是恐惧吗？是犹豫还是逃避呢？你面对困难的时候，是否用推诿的态度呢？比如你会想"如果我能做的话，我一定去做"，还是会以"试试看"

的态度对付困难呢？而其实，人的意志力有着极大的力量，它能克服一切困难，不论所经历的时间有多长、付出的代价有多大，无坚不摧的意志力终能帮助人达到成功的目的。一个有着坚强意志力的人，便有创造的力量。不论做什么事都要有坚强的意志，任何事情只有付出极大的努力才能获得成功。

人人都应该去争取理想的自由，因为只有自由地张扬自己的理想，才能创造出宏大、完美的成就。如果一个人不去争取理想的自由，不以实现最高人生目的为要务，那么不论他多么尽心尽责、多么发奋努力，他的一生也不会有大的成功。如果你见到一个年轻人，他用斩钉截铁的态度去实施他的计划，而丝毫没有"如果""或者""但是""可能"的念头，那么这个年轻人一定会免掉种种诱惑，将来也必定会获得成功。可以肯定地说，如果一个人经常放弃他一贯期待的目标，他就决不会成为一个成功者。从一个人所做的事业中，可以看出他真正的气质。凡有明确目标，并能照着既定程序去做的人，便能坚定自己性格上的勇气与力量，而这种勇气和力量足以支撑他的成功。每当有年轻人来找我商量，要不要变换他所从事的职业时，我总觉得他很可怜，觉得他心中的意志还没有确立起来，他的事业还与他的天性不合，否则他是决不会如此的。

毫无疑问，一个能控制自己意志力的人，会具有推动社会的伟大力量。这种巨大的力量可以实现他的期待，达到他的目标。如果一个人的意志力坚固得跟钻石一样，并以这种意志力引导自己朝着目标前进，那么他所面对的一切困难都会迎刃而解。远大的目标，往往是一个人强有力的精神支柱，它能使年轻人免掉种种试探与诱惑，而不至堕落到罪恶的深渊中去。没有控制意志力的力量，便没有持之以恒的恒心，也就没有发明与创造的可能性。有许多年轻人最初很热心于他们自己的事业，但是往往就在一夜之间，他们就可能会放弃自己原有的事业，而去进行别的事业。他们常常在怀疑：自己是否处在恰当的位置上？他们的才能怎样加以利用会最有价值？有时面对困难，他们会感到灰心，甚至是沮丧，或者当他们听到某人成功了某项事业时，他们便开始埋怨自己，为何自己不去做同样的事业。

只有高尚的事情，才能使自己的生命具有特殊意义，才能使自己与众不同。但是要完成这一高尚的任务，不免要面临艰难曲折，而只有坚持不懈的努力才是通向成功的捷径。

天下之至拙能胜天下之至巧

每个人的人生都会有失败的时候，关键是决不要放弃。你这个时候做的消极决定，很可能像在冬天砍树一样，是一种错误。

邓伟毕业于北京电影学院摄影系，是张艺谋的同学，他初次拍电影就获得广泛好评。正当前途无量时，他却有了一个梦想，要完成世界 100 个文化名人的人像摄影。这样的梦想对于当时的邓伟来说无异于天方夜谭。没有资金，没有世界性的名气，谁会理他？即使同意了，他又怎么有钱去拍摄呢？但他抱定了有千分之一的希望就要尽百分之一百的努力的想法。于是他放弃了电影摄影，开始为自己的梦想做准备。

为了锻炼自己的意志，他独自去了新疆的荒野，在雪原上锤炼自己挨饿耐渴的吃苦能力。恰好他的同学在那里拍电影，当同学在拍摄荒野的雪线时，发现有一个人，就等待着他离开，但等了很久也没见他离开，就在长镜头中仔细看，竟然惊奇地发现他很像邓伟，就叫其他人来看，大家也觉得像邓伟，于是用扩音器喊他的名字。邓伟听到后就过来了，大家见到竟然真是他，都笑问他是不是有病。

邓伟在锻炼自己的同时，也开始给一些文化名人发函，希望能拍摄他们的人像，以留给后人怀念。但三年过去了，也没有收到一封回函，就在他快要放弃时，他接到了香港船王包玉刚的回函，函中的内容却是拒绝他的请求。但父亲鼓励他说："任何事情敢想就是成功了一半。"

不久英国一家学校邀请他去做摄影讲座。讲座结束后，他就留在了英国打工，由一个客座讲师，变成一个打工者。他做过油漆工、搬运工、熨衣工，由于熨斗太重，还留下了后遗症，有好几年手一握紧就痛。他省吃俭用，一个人孤独地在英国生活，这一切只是为了存钱完成他的梦想。

这期间他不断地向名人发函，但均没有回复。他决定主动出击，直接去找他们。首先他选中了新加坡总理李光耀。他直飞新加坡，下了飞机后，要求的士司机带他去李光耀家，的士司机觉得他有问题，都不愿意去。最后他答应多付一些钱，的士司机在钱的诱惑下才同意带他去。

到了李光耀家附近，的士司机不能再往前开了，就告诉了他路线，让他自己去。于是他下车自己往前走，遇见了一个哨兵，拦住他问他找谁，他回答找李光耀，哨兵就让他进去了。继续往里走，又遇见了一个哨兵，他说有封信要给李光耀总理，又获得了通行。到了一栋房子的门口，他敲了门，一个身材魁梧的人打开了门，问他干什么？他说他是中国的摄影师，有封信想交给李总理，那人问能否让他看一下，邓伟就将信交给了那人。那人说："如果相信我，就由我将信转交给李光耀，有消息再通知你。"邓伟同意了。

古语说：踏破铁鞋无觅处，得来全不费工夫。几天后，在一个海边，邓伟接到了通知，约他去给李光耀拍照。

万事开头难，给李光耀拍照后，他就将李光耀的照片附在了函件里面，又向一些名人发了函，这回他得到了一些人的允许，于是他的摄影计划可以开始进行了。当然其中也不是都很顺利。为了给以色列总理拉宾拍照，他连续几年锲而不舍地给拉宾写信，拉宾回信了，寄来一张亲笔签名的近照，但拒绝了他的要求。但邓伟并没有放弃，他继续写信给拉宾，说那张照片拍得并不好，他能够拍得更好。就这样历经四年，终于感动了拉宾，为拉宾拍摄了照片。

就是这样一个看似天方夜谭的故事，经过他的不懈努力，终于办成了。整件事耗资 300 多万元人民币，全是靠他自己省吃俭用打工赚来的。为了准备这些摄影，深入了解拍摄对象，以拍出他们的个性与神韵，邓伟写的笔记就有二十多本。用他的话说，每一次摄影都是一个故事，都可以写一本书。

张艺谋对邓伟做了一个精彩的总结，形容他读书时做事就一根筋，也只有他这样一根筋的人才能办成这样的事。

人有时真的就是要一根筋，这样常常能使我们完成一些看似不可能的事。邓伟的例子就是明证。

记者曾问邓伟："你做这件事，没有名，没有利，当电影摄影师多好，你后悔吗？"

邓伟回答："我不拍电影会有其他人拍，但这件事是我真正想做的事，我不后悔。"

曾经有段时间医院误诊他得了癌症，他却说："我已经做了一件我一生中最想做的事，我死而无憾。"

我们活到现在，做过一件我们真正想做的事吗？我们做事往往只是为了生存，只是为了利益，但从没有真正做过一件自己想做的事情，这是多么可悲呀！

每一种思想，只要持之以恒，百折不挠地加以贯彻，迟早都会梦想成真。

一帆风顺只会造就你的软弱，使你弱不禁风

并不是每一次不幸都是灾难，早年的逆境通常是一种幸运。与困难作斗争不仅磨砺了我们的心志，也为日后更为激烈的竞争准备

了丰富的经验。可以说，每一位大师的成长道路都不是一帆风顺的。他们正是善于在艰难困苦中向生活学习，磨砺意志，才能在最险峭的山崖上扎根成长为最伟岸挺拔的大树，昂首向天。一帆风顺只会造就你的软弱，使你弱不禁风。

我们来看一个故事。

在洛杉矶的一个盛大宴会上，来宾们就某幅绘画到底是表现了古希腊神话中的某些场景，还是描绘了古希腊真实的历史画面而展开了激烈的争论。看到来宾们一个个面红耳赤地吵得不可开交，气氛越来越紧张，主人灵机一动，转身请旁边的一个侍者来解释一下画面的意境。

结果，这位侍者的解释令所有在座的客人都大为震惊，因为他对整个画面所表现的主题作了非常细致入微的描述。他的思路非常清晰，理解非常深刻，而且观点几乎无可辩驳。因而，这位侍者的解释立刻就解决了争端，所有在场的人无不心悦诚服。

这个侍者说他在许多学校接受过教育，但是，他学习时间最长，并且学到东西最多的那所学校叫作"逆境"。早年贫寒交迫的生活，使得他有机会成为一个对完整的生活有着深刻认识的人，尽管他那时只是一个地位卑微的侍者。然而，艰难困苦和人生沧桑是最为严厉、最为崇高、最为古老的老师。人要获得深邃的思想，或者要取得巨大的成功，就要善于从穷困破落中摒弃浅薄，莫做井底之蛙。而不幸的生活造就的子孙才会深刻、严谨、坚忍并且执着。

很多身处逆境的莘莘学子，也许在抱怨命运的不公平，抱怨环境对自己的不利影响，但是，威廉姆·科贝特这样说：

"当我还只是一个每天薪俸仅为6便士的士兵时，我就开始学语法了。我铺位的边上，或者是专门为军人提供的临时床铺的边上，成了我学习的地方。我的背包也就是我的书包。把一块木板往膝盖上一放，就成了我简易的写字台。在将近一年的时间里，我没有为学习而买过任何专门的用具。我没有钱买蜡烛或者是灯油。在寒风凛冽的冬夜，除了火堆发出的微弱光线之外，我几乎没有任何光源。而且，即便是就着火堆的亮光看书的机会，也只有在轮到我值班时才能得到。为了买一支钢笔或者是一叠纸，我不得不节衣缩食，从牙缝里省钱，所以我经常处于半饥半饱的状态。

"我没有任何可以自由支配的用来安静学习的时间，我不得不在室友和战友的高谈阔论、粗鲁的玩笑、尖利的口哨声、大声的叫骂等各种各样的喧嚣声中努力静下心来读书写字。要知道，他们中至少有一半以上的人是属于最没有思想和教养、最粗鲁野蛮、最没有文化的人。你们能够想象吗？为了一支笔、一瓶墨水或几张纸，我要付出相当大的代价。每次，攥在我手里的用来买笔、买墨水或买纸张的那枚小铜币似乎都有千钧之重。要知道，在当时的我看来，那可是一笔大数目啊！当时我的个子已经长得像现在这般高了，我的身体很健壮，体力充沛，运动量很大。除了食宿免费之外，我们每个人每周还可以得到两个便士的零花钱。我至今仍然清楚地记得这样一个场面，回想起来简直就是恍如昨日。有一次，在市场上买了所有的必需品之后，我居然还剩下半个便士，于是，我决定在第二天早上去买一条鲱鱼。当天晚上，我饥肠辘辘地上了床，肚子在不停地咕咕作响，我觉得自己快饿得晕过去了。但是，不幸的事情还在后头，当我脱下衣服时，我竟然发现那宝贵的半个便士不知道在什么时候已经不翼而飞了！我绝望地把头埋进发霉的床单和毛毯里，像一个孩子般伤心地号啕大哭起来。"

但是，即便是在这样贫困窘迫的不利环境下，科贝特还是坦然乐观地面对生活，在逆境中卧薪尝胆、积蓄力量，坚持不懈地追求着卓越和成功。他说："如果说我在这样贫苦的现实中尚且能够征服艰难、出人头地的话，那么，在这世界上还有哪个年轻人可以为自己的庸庸碌碌、无所作为找到开脱的借口呢？"

Part 5

激发正能量，摆脱负面情绪

人生在世一蜉蝣，转眼乌头换白头。一辈子很短，真的需要好好地疼自己。你的世界，有了自己心灵的那束阳光才真的明媚温暖。一辈子，很累，真的不需要去苛求自己。对生活多些感恩，多些知足，用那些正能量去驱散人生的迷雾和阴霾，用一颗阳光的心，还自己一片澄净的艳阳天。

微笑，是心理健康的润滑剂

中国有句老话"一笑解千愁"。笑是一种生活的轻松和愉悦，是一种愉快情绪的自然流露。它是心理健康的润滑剂，有利于消除心理疲劳，活跃生活气氛。

微笑能放松自己，微笑能让自己开心。微笑将面部肌肉的神经冲动传递到大脑中的情绪控制中心，使得神经中枢的化学物质发生改变，从而使心情趋向平静。来，微笑一下吧，好些了吗？

心病可用"笑疗"医。"笑疗"是指用开心一"笑"来疗疾，尤其是治疗"心病"

传说，在清朝有位县太爷，因患心病而整天愁眉苦脸，郁郁寡欢，食不甘味，睡眠也不安稳。日子长了，只见他日渐憔悴。家人到处求医，疗效甚微。有一天，当地一位医术高明的老郎中得知此事，便上门诊病。在为县太爷把脉之后，老郎中一本正经地说："你乃是得了月经不调之症。"这县太爷听了立即笑得前仰后合，说："此言谬也。"便把郎中逐出。后来，这县太爷逢人便讲此事，每次都笑声不止，谁知没多久，他的病竟好了。这使他恍然大悟，这就是郎中的绝妙之处。其实，就是"笑疗"治愈了县太爷的抑郁症。

工作中难免会接触或置身于陌生的环境，在陌生的环境里，人人都习惯板起一张面孔，保护着原本虚弱的尊严，以免受到来自外界的侵犯和伤害。

如果我们换一副表情，不要那种冷冷的傲慢的所谓尊严，不要紧绷着面孔、圆睁着警惕与怀疑的眼神，让我们微微笑一下，会不会更好些呢？

怕，就会输一辈子

微笑的作用：

1. 传达对别人的信任

学会在陌生的环境里微笑，首先是一种心理的放松和坦然。对待陌生人，我们应该多一些真诚和善。放下戒备，我们的内心不会再疲惫和紧张，我们的心里也会变得轻松而愉快。人与人之间虽无言但很默契，我们在陌生的环境里感到的就不再是陌生冰冷，而是融洽和温暖。

2. 传达给别人"相信我"的信息

学会在陌生的环境里微笑，还是一种自尊、自爱、自信的表达。微笑来源于内心的善良、宽容和无私，表现的是一种坦荡和大度。

3. 自我心态调整

每天对自己一笑，就是自我调理情绪。给自己一份轻松、一份自信，让自己有一种良好的心态。

4. 调节紧张气氛

这是一位老师的亲身体会：

我是一名小学老师，每天都要面对孩子们，我越来越觉得一个可人的微笑，会给孩子们带来无穷的乐趣。

我还清楚地记得不久前发生的一件事。那天早晨，当我走进教室时，发现卫生还没有打扫好，学生们跑的跑，闹的闹，乱成了一锅粥。见此情形，我气不打一处来，对他们大发了一顿脾气。随后的讲课过程中，同学们沉默异常，从他们惊恐的眼神里，我明白自己刚才犯了错误。于是我想到该活跃一下气氛，微笑着问："怎么了？你们还没有睡醒呀？"孩子们立刻笑了，几个胆大的笑答："醒了！"我明显地感觉到他们松了一口气。在轻松、愉快的气氛中，我顺利地完成了后半堂课。

5. 传达宽容和爱

微笑确定是一种非常富有感染力的表情，它证明你内心不带虚饰、自然而然流露的喜悦，而且这种快乐的情绪还会像阳光那样，给别人带来温暖，给他人留下了一个良好的第一印象。

6，表达坚强的信念

对于自己来说，微笑也是一剂强心剂。我们脸上的表情是我们内心世界情绪波动的晴雨表。可以想象，一个不善于微笑、整天肌肉紧张的人一定是生活在压力之下、痛苦不堪的人，无论这种压力是积极的还是消极的。只有真正自信和开心的人才能有发自内心的微笑。一个人在接踵而至的不幸中，仍能示人以如花般的微笑，更能让人深深感受到那种蕴含在微笑后面坚实的、无可比拟的力量——种对生活巨大的热忱和信心，一种高格调的真诚与豁达，一种直面人生的成熟与智慧。这才是支撑起幸福的基石。只要具备了这种淡然如云、微笑如花的人生态度，那么，任何困境和不幸都能被锤炼成通向平安幸福的阶梯。

7. 微笑在现实生活中就是一种万能剂

我们甚至可以说，微笑是一种生活态度，更是我们可以奉为座右铭的处世法则。它可以让我们的苦恼在不知不觉中消解。它可以消除敌手，同时和天然或潜在的紧张对峙。它是一种令人会意的情感，它更是迎接新的挑战的最好的宣示。

一家大企业集团的人力资源部经理说过，在某些时候，他宁愿雇用一个学历略逊一筹的职员——如果他（她）有一个可爱的微笑的话，而不会去雇用一个学历甚高但整天板着一张脸、面无表情的人。

注意，不是张嘴就代表微笑。微笑是一种真实的、热诚的、发自内心的欢快表情。人在微笑的时候表情最自然，任何一点虚伪和造作都会让接受微笑的对象产生厌倦和反感。

微笑着面对生活是很重要的。有人说生活是一面镜子，你冲它笑它就对你笑，你冲它哭它就冲你哭。是哭是笑，取决于你怎么样面对它。如果你愿意去寻求人生的智慧，培养良好的心态，勇敢面对这个世界的一切，那么，就从微笑做起吧。

幽默是生活波涛中的救生圈

在人生道路上，挫折和失败是常有的事。如果忍受挫折的心理能力得不到提高，焦虑和紧张就会常常困扰我们的身心。假如你拥有了幽默，也就具有了随环境变化不断加以调节自我心理的有力武器，即可利用幽默减轻生活中因失败带来的痛苦。

幽默能使尴尬变为融洽，化干戈为玉帛。家庭中有了幽默，便有了欢乐和幸福；夫妻间有了幽默，便能相知相契。适时的幽他一默可以缓解紧张气氛，润滑人际关系，找回平衡。适时幽自己一默可以避免妄自尊大，以便看清自己。

此外，幽默感也是衡量一个人心理是否健康的一个指标。幽默感离不开幽默：有什么样的幽默就有什么样的幽默感。或者说，你对幽默的特殊理解，也赋予你对幽默感的特殊认识。真正的幽默能够洞悉各种琐屑、卑微的事物所掩藏的深刻本质。它是一种艺术手法，以轻松、戏谑但又含有审美特征的表现手法对审美对象所采取的内庄外谐的态度。幽默在引人发笑的同时，竭力引导人们对笑的对象进行深入的思考。

幽默常会给人带来欢乐，其特点主要表现为机智、自嘲、调侃、风趣等。确实，幽默有助于消除敌意、缓解摩擦、防止矛盾升级，还有人认为幽默能激励士气，提高生产效率。美国科罗拉多州的一家公司通过调查证实，参加过幽默训练的中层主管，在9个月内生产量提高了15%，而病假次数则减少了一半。测验证明了沉闷乏味的人和具有幽默感的人，在以下几个方面存在着差异，而这些差异正是幽默感心理调节功能和作用所在。

◇智商。经多次心理测验证实，幽默感测试成绩较高的人，往往智商测验成绩也较高，而缺少幽默感的人其测试成绩平平，有的甚至明显缺乏应变能力。

◇人际关系。具有幽默感的人，在日常生活中都有比较好的人缘，他可在短期内缩短人际交往的距离，赢得对方的好感和信赖。而缺乏幽默感的人，会在一定程度上影响交往，也会使自己在别人心目中的形象大打折扣。

◇工作业绩。在工作中善于运用幽默技巧的人，总是能保持一个良好的心态。据统计，那些在工作中取得成就的人，并非都是最勤奋的人，而是善于理解他人和颇有幽默感的人。

◇对待困难的表现。幽默能使人在困难面前表现得更为乐观、豁达。所以，拥有幽默感的人即使面对困难也会轻松自如，利用幽默消除工作带来的紧张和焦虑；而缺乏幽默感的人，只能默默承受痛苦，甚至难以解脱困境，这无疑增加了自己的心理负担。

显而易见，幽默感有助于身心健康。因此，要善于培养幽默感。如有机会可参加专门的幽默训练，但更重要的还是从自我心理修养和锻炼的角度出发来提高自己。

◇释放胸襟，开阔心胸。不要对自己有不切实际的要求，不要过于在意别人对自己的看法。学会善意的理解别人。正确地认识自我，不论在什么样的环境中总是保持一种愉悦向上的好心情。

◇主动交际，缓解压力。交往是人的本能行为，主动扩大交际面，有利于缓解工作压力。在人际交往中，要使自己交际方式大众化，与人为善，主动帮助他人，从中获得人生乐趣。

◇幽默就是力量。如果在交往中逐步掌握了幽默技巧，就能巧妙地应付各种尴尬的局面，很好地调节生活，甚至改变人生，使生活充满欢乐。

◇掌握幽默的基本技巧。带着笑容思考，把快乐带给别人的人，自己必然也是个快乐的人。时刻以快乐的心情拥抱生活，就连思考时也面带笑容，便会自然而然地产生幽默感。

怕，就会输一辈子

◇必要时先"幽自己一默"，即自嘲，开自己的玩笑。

◇突发奇想地转换思维，打破墨守成规的习惯，很容易引发幽默。试着换一种思维方式或作出令人意外的举动，或是改变谈话的前后顺序，发挥想象力，把两个不同事物或想法连贯起来，是不是会产生意想不到的效果？

◇提高语言表达能力，注重与形体语言的搭配和组合。

◇养成每时每刻准备发挥幽默的习惯。经常记一些有趣的故事并加以润色，使之成为自己的独特的小幽默。

◇循规蹈矩的语言或行动方式是不能引发幽默的。幽默是对习惯的一种偏离，突然转换话题或夸张的表演自然会引人发笑，精心设计的故意失误也会令人捧腹。

有位年轻人，一面查看那辆崭新摩托车被撞后的残骸，一面对周围的人说："唉，我以前总说，有一天能有一辆摩托车就好了。现在我真有了一辆车，而且真的只有一天。"周围的人哈哈大笑起来。对这个年轻人来说，车被撞已无可挽回，但他并没有看得很重，而是利用幽默的力量，既减轻了自身的痛苦和不愉快，又给围观的人带来了一片欢乐。

以律人之心律己，以恕己之心恕人

穿梭于茫茫人海中，面对一个小小的过失，常常一个淡淡的微笑，一句轻轻的歉语，便带来包涵谅解，这是宽容；在人的一生中，常常因一件小事、一句不注意的话，使人不理解或不被信任，但不要苛求任何人，以律人之心律己，以恕己之心恕人，这也是宽容。所谓"己所不欲，勿施于人"也寓理于此。

1. 学会宽容，意味着你不再心存疑虑

法国19世纪的文学大师维克多·雨果曾说过这样的一句话："世

界上最宽阔的是海洋，比海洋更宽阔的是天空，比天空更宽阔的是人的胸怀。"雨果的话虽然浪漫，却也不无现实启示。

相传古代有位老禅师，一天晚上在禅院里散步，突然发现墙角边有一张椅子，他一看便知有位出家人违犯寺规越墙出去溜达了。老禅师也不声张，走到墙边。移开椅子，就地而蹲。少顷，果真有一小和尚翻墙，黑暗中踩着老禅师的背脊跳进了院子。当他双脚着地时，才发觉刚才踏的不是椅子，而是自己的师傅。小和尚顿时惊慌失措，张口结舌。但出乎小和尚意料的是，师傅并没有厉声责备他，只是以平静的语调说："夜深天凉，快去多穿一件衣服。"

老禅师宽容了他的弟子。他知道，宽容是一种无声的教育。

在日常生活中，当没有缘分的"对手"，出于内心的丑恶，在你背后说坏话做错事时，此时你是想伺机报复，还是宽容地原谅他？当你亲密无间的朋友无意或有意做了令你伤心的事情，此时你是想从此分手，还是宽容？冷静地想一想，还是宽容为上，这样于人于己都有好处。

有人说宽容是软弱的象征，其实不然，有软弱之嫌的宽容根本称不上真正的宽容。宽容是人生难得的佳境——种需要操练、需要修行才能达到的境界。

心理学家指出："适度的宽容，对于改善人际关系和身心健康都是有益的。这种宽容，指的是对于子女或别人在生活、工作、学习中的过失、过错采取适当的'羞辱政策'，有效地防止事态扩大而加剧矛盾，避免产生严重后果。"大量事实证明，不会宽容别人，亦会殃及自身。过于苛求别人或苛求自己的人，必定处于紧张的心理状态之中。紧张心理的刺激会影响内分泌功能，而内分泌功能的改变又会反过来增加人的紧张心理，形成恶性循环，贻害身心健康。有的过激者甚至失去理智而酿成祸端，造成严重后果。而一旦宽恕别人之后。心理上便会经过一次巨大的转变和净化过程，使人际关系出现新的转机，诸多忧愁烦闷也得以避免或消除。

2. 宽容，意味着你不会再为他人的错误而惩罚自己

气愤和悲伤是追随心胸狭窄者的影子。生气的根源不外是异己的力量，人或事侵犯、伤害了自己（利益或自尊心等）。一言以蔽之，认定别人做错了，于是勃然作色，咬牙切齿。凡此种种，无非在惩罚自己，而且是因为他人的错误！显然不值。

宽容地对待你的敌人、仇家、对手，在非原则的问题上，以大局为重，你会得到退一步海阔天空的喜悦，化干戈为玉帛的喜悦，人与人之间相互理解的喜悦。要知你我并非踽踽独行，在这个世界里，我们各自走着自己的生命之路，纷纷攘攘，难免有碰撞，所以即使心地最和善的人也难免会伤别人的心。如果冤冤相报，非但抚平不了心中的创伤，而且只能将伤害者捆绑在无休止的争吵的战车上。

三国时，诸葛亮初出茅庐，刘备称之为"如鱼得水"，而关、张兄弟却未然。在曹兵突然来犯时，兄弟俩便"鱼"呀"水"呀地对诸葛亮冷嘲热讽，但诸葛亮胸怀全局，毫不在意，仍然重用他们。结果新野一战大获全胜，使关、张兄弟佩服得五体投地。如果诸葛亮当初跟他们一般见识，争论纠缠，势必造成将帅不和，人心分离，哪能有新野一战和以后更多的胜利呢？

宽容是一种博大，它能包容人世间的喜怒哀惧；宽容是一种境界，它能使人跃上大方磊落的台阶。只有宽容，才能"愈合"不愉快的创伤；只有宽容，才能消除人为的紧张。

3. 宽容，意味着你不会再患得患失

宽容，首先包括对自己的宽容。只有对自己宽容的人，才有可能对别人也宽容。人的烦恼一半源于自己，即所谓画地为牢，作茧自缚。电视剧《成长的烦恼》讲的都是烦恼之事，但是他们对儿女、邻居的宽容，最终都把烦恼化为了捧腹的笑声。

芸芸众生，各有所长，各有所短。争强好胜失去一定限度，往往受身外之物所累，失去做人的乐趣。只有承认自己某些方面不行，才能扬长避短，才能不因嫉妒之火吞灭心中的灵光。

宽容地对待自己，就是心平气和地工作、生活。这种心境是充实自己的良好状态。充实自己很重要，只有有准备的人，才能在机遇到来之时不留下失之交臂的遗憾。知雄守雌，淡泊人生是耐住寂寞的良方。轰轰烈烈固然是进取的写照，但成大器者，绝非热衷于功名利禄之辈。

俗话说"宰相肚里能撑船"。古人与人为善之美、修身立德的谆谆教诲警示着世人。一个人只有胆量大，性格豁达方能纵横驰骋。若纠缠于无谓的鸡虫之争，非但有失儒雅，甚至终日郁郁寡欢，神魂不定。唯有对世事时时心平气和、宽容大度，才能处处契机应缘、和谐圆满。

唐朝谏议大夫魏徵，常常犯颜苦谏，屡逆龙鳞，可唐太宗宽容为怀，把魏徵看作照见自己得失的"镜子"，终于开创了史称"贞观之治"的太平盛世。

如果一语龃龉，便遭打击；一事唐突，便种下祸根；一个坏印象，便一辈子倒霉，这就说不上宽容，更会被百姓称为"母鸡胸怀"。真正的宽容，应该是能容人之短，又能容人之长。对才能超过者，也不嫉妒，唯求"青出于蓝而胜于蓝"，热心举贤，甘做人梯，这种精神将为世人称道。

宽容的过程也是"互补"的过程。别人有此过失，若能予以正视，并以适当的方法给予批评和帮助，便可避免大错。自己有了过失，亦不必灰心丧气，一蹶不振，同样也应该宽容和接纳自己，并努力从中吸取教训，引以为戒，取人之长，补己之短。重新扬起工作和生活的风帆。

4. 宽容，意味着你有良好的心理外壳

宽容，对人对自己都可成为一种无须投资便能获得的"精神补品"。学会宽容不仅有益于身心健康，且对赢得友谊，保持家庭和睦、婚姻美满，乃至事业的成功都是必要的。因此，在日常生活中，无论对子女、对配偶、对老人、对学生、对领导、对同事、对客户、

対病人……都要有一颗宽容的爱心。宽容，它往往折射出为人处世的经验，待人的艺术，良好的涵养。学会宽容，需要自己吸收多方面的"营养"，需要自己时常把视线集中在完善自身的精神结构和心理素质上。否则，一个缺乏现代文明阳光照射的贫儿，当被人们嗤之以鼻，不屑一顾。

当然，宽容决不是无原则的宽大无边，而是建立在自信、助人和有益于社会基础上的适度宽大，同时必须遵循法制和道德规范。对于绝大多数可以教育好的人，宜采取宽恕和约束相结合的方法；而对那些蛮横无理和屡教不改的人，则不应手软。从这一意义上说，"大事讲原则，小事讲风格"，乃是应取的态度。

处处宽容别人，绝不是软弱，也绝不是面对现实的无可奈何。在短暂的生命里程中，学会宽容，意味着你的思想更加快乐。宽容，可谓人生中的一种哲学。

动手去做，冲破情绪的阻隔

要想在你打算有所改变或者有所创新的领域里取得成功，动手去做是最关键的。

你是否曾经有过这样一种感觉：自己体内有些什么东西阻止你去完成一项工作？刚放手去做一件事时，尽管是一件很小的事情，却觉得不能胜任？也许你要做的是一件大事，关系到你的一生，却仍然无法动手去做？

如果这种阻滞的潜意识支配了你的行动，你便受到了阻碍，导致你不能全力以赴解决问题、争取胜利。你的头脑似乎变得呆滞了，往往忘记你想要说什么话、做什么事。你会发现自己逃避所要做的事，白白地浪费了光阴，更不要说去积极行动了。

鲍勃曾是一位多产的作家，但是最近不知道为什么，面对稿纸时他总是写不出东西来。

鲍勃希望在动笔之前先产生灵感，然后才能写作。他认为，优秀的作家总是在觉得自己精力旺盛、才思泉涌的时候才动笔。为了写出好的作品，他觉得必须"等到灵感来了"之后再写。如果哪一天觉得情绪不高，就意味着那天他不能工作。

不用说，既然要符合这样理想的条件才能工作，那他就很少觉得情绪能够好到办成任何一件事情。他很难感到有创作的欲望，于是觉得失望，这就更使他不能"情绪好起来"。所以，他写出的东西也就更少了。

美国国家图书奖获奖者乔伊斯·卡罗尔·奥茨的做法正好相反。他说：

"对于'情绪'这种问题必须毫不留情。在某种意识上说，写作会产生情绪。如果我觉得精疲力尽，觉得精神微弱到只剩下一口气，觉得也不值得为任何东西再坚持5分钟，那么，我就强制自己去写。不知道为什么，一写起来，情况全都变了。"

其实，鲍勃需要采取的第一个步骤就是培养"能够坐下来的力量"。要想写东西，就得在打字机前坐下来。这个道理听起来很简单，但是常常很难做到。鲍勃平常想要写作时，脑子就变得空白。这种情况使他感到害怕，所以不愿意瞪着空白的稿纸，就赶快离开了打字机。

对于鲍勃来说，泡在浴室里摆弄摆弄胡子，或者待在花园里收拾玫瑰花，是不会弄出白纸上的黑字来的。要想完成一项工作，就得待在可能实现目标的那个地方。像鲍勃这种情况，他非在打字机前面坐下来不可。

为了克服写作阻滞现象，鲍勃制订了个日程表：每天早晨7点半，他的闹钟响起来；8点钟，他得坐到打字机前面去。他的任务就是坐在那里，一直坐到在纸上打出些什么来，如果打不出来就坐一整天。

他还制订了一个奖惩办法：如果打不满一页纸，就不准吃早餐。

第一天，鲍勃忧心忡忡，焦躁不安，直到下午两点还没打满一页纸，自然也就免去了早餐。

第二天，鲍勃进步很快，刚坐到打字机前面两个小时就打满了一页纸，能够早一点吃早餐了。

第三天，他几乎一下子就把第一页纸打满了，而且又打了5页纸才想起吃早餐。

他的作品终于创造出来了。他就是靠坐下来动手学会了怎样勇敢地承担艰难棘手的工作。

美国剧作家尼尔·西蒙也是个著名作家，写过许多著名的剧本和电影脚本。他也经常遇到"写作阻滞"现象，他的办法就是"坐下来"。

他承认，有时一连几天写起东西来很费劲。但是，每一天他都强迫自己坐到打字机前面去打字。一旦在纸上打了出来，就有机会看看到底是多坏或者多好，然后也就能够动手修改润色了。正是改写的过程推动着他走向想要实现的目标：

"写剧本只有在改的时候才真正是一种乐趣。打棒球的时候，一个人只有三次击球的机会，三击不中就出局了。而在改写剧本的时候，你想要多少次击球机会就有多少，而且心里很明白，或早或晚总会打出一个好球的。"

如果你能这样去做，就能帮助你做第一次冲刺。第一次冲刺虽然成功的机会很小，但是可以使你不再恐惧和顾虑重重。第一天，你甚至可能觉得浑身难受，但是别泄气，第二天就会轻松一点。等到第三天，你也许觉得轻松很多，甚至觉得用这种"能够坐下来的力量"来对付艰难的工作是件不错的事情了。

既要拥抱成功，也要热爱失败

爱迪生说："失败也是我们需要的，它和成功一样对我有价值。只有在我尝试了所有的错误方法以后，我才知道做好一件工作的正确方法是什么。"从某种意义上说，没有失败，就没有成功。有时成功就像诱人的金矿，而失败就像裹在金矿外面的一层层坚硬的岩石，敲去一层岩石，就离金矿更近一步。

有位年逾 70 岁的老太太爱上了登山运动，在随后的 25 年里，她攀登过许多名山。登山运动不但治好了她的哮喘病，还锻炼和坚定了她的意志和信念。有位朋友劝她说："我们这个年纪可算是到了人生的尽头，还是想着料理自己的后事吧！"可她说："我的后事就是还想登更高的山。"后来在她 95 岁那年，登上了日本有名的富士山，打破了攀登此山的最高年龄纪录。她就是著名的胡达·克鲁斯太太。克鲁斯太太就是一个敢于拥抱成功的人，她不但知道自己在做什么，还热爱自己做的事，相信自己做的事。

我们同样发现，一个人只要热爱失败，能从失败中汲取智慧，也能成功。俄国伟大的作家列夫·托尔斯泰大学毕业后，选择了边读书边创作的道路。可是他苦苦奋斗了 4 年，一篇作品也未发表。但他从失败中找到了原因，发现是自己的生活基础太差所致：不熟悉生活，怎么能反映社会深处的奥秘，刻画出栩栩如生的人物形象呢？找到失败的原因后，他毫不犹豫地来到高加索，参加了前线部队。4 年的军旅生活，为他后来的文学创作打下了坚实的生活基础。

托尔斯泰创作的《战争与和平》等名著忠实地反映了俄罗斯当时的社会生活，达到了现实主义文学创作的最高水平，轰动了世界文坛。这正是他热爱失败的结果。

怕，就会输一辈子

哲人说："失败的次数越多，离成功就越近。"在杰出的成功者眼里，失败有两重性，它既能给人带来损失和痛苦，也能给人带来激励、警觉、奋起和成熟。他们总是把一次次失败，或者说把敲下来的一块块岩石，都视为成功的分子。

我们常常发现：一个失败者不一定能转变成一个成功者，但一个成功者，曾经一定是一个失败者。一个成功的人，他成功的历史，其实也是一部失败的历史。据说，世界上著名的成功人士所做的事情中，成功与失败的比例是1：10，也就是说，他们几乎要失败10次，才能换来1次成功。不信你去问问那些成功的人，他们经历的失败是不是都多于成功。华盛顿打的败仗比他打的胜仗多得多，但他最终成功了。刘邦和项羽交战中，几乎是屡战屡败，最惨的时候，连老婆都当了项羽的俘虏。但是，刘邦输得起，屡败屡战，终于在垓下一战，用韩信的十面埋伏把项羽打败。

一个人越不把失败当一回事，失败就越不能把他怎么样，他就越能成功；一个人如果越害怕失败，失败就越会缠住他，他就越难摆脱失败。美国有两位总统的竞选就是最好的说明。罗斯福不怕失败，他成功了；尼克松害怕失败，没有成功。

罗斯福第一次竞选总统惨遭失败后，暂时退出政坛。不久，又因一场意外的遭遇而半身瘫痪。他瘫痪后相信自己还能成功，再次竞选时，当了总统，入主白宫。一个瘸腿人每天坐着轮椅，昂着头，挺着胸，信心百倍地去上班。他在首次就职演说中提出的那个"无所畏惧"的战斗口号，鼓舞了千千万万的听众。他说："我们唯一值得恐惧的就是恐惧本身。"他凭着永远不承认失败、永远不甘放弃的精神，把美利坚合众国引上了一条新的发展道路。他连任四届，成为美国最杰出的总统。

尼克松在1972年竞选连任美国总统，由于他在第一任期间，政绩突出，所以大多数政治评论家都预测尼克松将以绝对优势获得胜利。然而，尼克松本人却缺乏自信，走不出过去几次失败的心理阴影，极度担心再次失败。在这种不良心态的驱使下，他鬼使神差地干出了后悔终生的蠢事。他指派手下的人潜入竞选对手总部的水门饭店，在对手的办公室里安装了窃听器。事发之后，他又连连阻止调查，推卸责任。在这次选举中他虽然获胜，但不久因水门事件被迫辞职。本来稳操胜券的尼克松，因害怕失败而导致惨败。

永不言败和善于对失败进行总结是成功者的基本特征。如果没有失败，我们就什么也学不到。有远见的企业家在选拔人才时，不仅重视一个人过去的成功，同时还重视这个人失败的经历。哈佛商学院的约翰·考科教授说："我可以想象得出，20 年前董事会在讨论一个高级职位的候选人时，有人会说：'这个人 32 岁时就遭受过极大的失败。'其他人会说：'是的，这不是好兆头。'但是今天，同一个董事会却会说：'让人担心的是这个人还未曾经历过失败。'"

可见失败并非坏事。因为每一次失败，都孕育着成功的萌芽，每一次失败都将使你更靠近成功。如果你不曾失败过，为了成功，你也应该勇敢地去尝试一下失败的滋味。在尝试时，要告诉自己：我在什么地方跌倒了，就要在什么地方爬起来，以后也许还会跌跤，但决不会在原先的这个地方。

没有失败，就没有成功。一个失败者不一定能转变成一个成功者，但一个成功者，一定曾经是一个失败者。

成功既不像我们想象的那么艰难，失败也不像人们想象的那么可怕。它们有时就像滔滔水面上的一座很吓人的独木桥，你只要勇敢地走过去，对面等待你的就是成功。

人生有得有失，选择权在你自己

每个人都希望拥有快意的人生，不过人生本就有失有得，不可能永远平顺无忧，也不可能长期身陷泥淖。正因为人生是由高低起伏的命运串连而成，所以愈显其丰富多彩。

要想过一个精彩的人生，首先要体悟到，生命中的得失是必然的，人不可能只有得没有失，也不会只有失而没有得。有此体会，才能冲破层层关卡，开启新的人生。

虽说人生有些事情可以重新来过，但我们必须了解，人活在世间，总有各自的利害关系，有各种情境、物欲的牵绊。牵绊愈多，得到的也许愈多，但可能失去的也愈多，正所谓"福兮祸所伏，祸兮福所倚"。所以人生势必有失有得，难以圆满。

什么是失？什么是得？别人是无法给你答案的。你必须自己问自己，因为价值的定义因人而异。对某些人来说，能让更多的人快乐，帮助更多的人，是最有价值的；但对某些人来说，探究真理，明辨是非才最有意义；有人则喜欢追求美的事物，为艺术献身……答案在你自己的心中，没有人能够左右你，所以你一定要经常与自己对话，问问自己：现在我选择的道路，真的是即使失掉其他的东西，也不会令我感到后悔吗？我现在追求的东西有价值吗？我现在的生活方式会让我失去什么，又会获得什么呢？

我们常常会对一些拥有名望、权势之人，或是被传媒捧红的歌手、明星心生艳羡。尤其是在年轻迷惘的岁月，常有一种莫名的冲动将自己推向崇拜偶像的行列，总觉得他们好有魅力，禁不住为他们疯狂。

对我们来说，这些人享尽别人对他们的宠爱，拥有了不起的"得"，他们得到了所有人给予的关爱。当我们将焦点放在别人的"得"时，总会很自然地认为他们的人生词典中没有"失"这个字。其实他们失去的可能比得到的还要多，起码失去了自由。正所谓"人在江湖，身不由己"，有的甚至于失去了健康和正常的生活。不过这也是他们自己的选择，怨不得谁。

有一位日本当红的艺人就曾经感慨地说："那些真正收入高的人，每天都非常忙碌，就算他拥有广大庭园和豪华住宅，也没有什么时间可以好好享受。"因为想要拥有高收入，就必须拼命工作。自然就没有闲暇的时间可供自己支配。虽说赚钱的目的是为了享受。但忙于赚钱以至于没有时间去享受挣来的一切，不也是枉然？

　　不论是国王还是乞丐，是男还是女，上天都给了每个人一天二十四小时，为了金钱而丧失了宝贵的时间，连做自己喜欢的事，或是同喜欢的人分享收获和快乐都没有空,这样的人生真的幸福吗？相比之下，在有限的时间里，能悠闲地和自己的亲人朋友共度假期，或是专注于自己感兴趣的事物，如艺术创作或是旅行等，珍惜人生的每分每秒，用生命去享受它、充实它，是不是更快乐、更幸福呢？

　　有人选择了为了地球的洁净、社会的安宁、人类生存的权利，全心全意地投身于奋斗，化小爱为大爱，将自己的一生贡献给社会、国家或理想，试问他们是失是得？

　　有人虽身居高位，是所谓的政界首脑、富商巨贾，但为了自身利益，或扩张自我权势，而穿梭在买官晋爵、拉帮结派、尔虞我诈的活动中，为保住自己的地位或获得更多财富而贪赃枉法、行贿受贿。这样的人生是失是得？

　　有一天在新闻报道上看到一位在澳洲从事环保工作的女士，为了抢救当地的珍稀森林，单独与某大财团对抗，不断与之进行谈判，要求该财团决不能对当地的稀有森林进行砍伐。双方立场皆很强硬，不肯退让一步。但这位女士决不退缩，独居在大树上，置个人性命于不顾也要保护森林资源。她不是说说而已，而是真的在树上住了两年，不论刮风、下雪、风吹、日晒还是雨淋，她都在树上度过，毫不妥协。

　　在广大民众和舆论的声援支持下，两年后伐木公司终于让步，规划出稀有森林保护区，承诺决不砍伐这块保护区的任何一棵树。当这位女士从树上爬下来踏在地上时，虽然步履蹒跚，需要别人搀扶，但她脸上却显露出令人动容的神采。

　　对她全心保护森林的行径，有人认为幸好是伐木公司让步了，

怕，就会输一辈子

这两年的付出也值得。但我的想法是，这位勇敢的女士一定清楚地知道自己在做什么，得失早就已经置之度外，义无反顾地为自己的理想坚持到底。这也是她的选择。

不论你对生存价值的标准是什么，建议你最好不要陷入以下的误区之中：

对金钱物质的过度渴望；

过分地以自我本位为中心；

过度的偏执；

强烈的依赖心；

无休止地攀比；

苟且因循，推卸责任；

骄傲自大，目中无人。

如果你已经陷入了以上的情形，在面对得失时，一定会感慨万千。

为了避免失掉得失之间的准则，要特别注意以下几项原则：

1. 在追求地位、财富及他人的尊敬时，千万不要在不知不觉中将这些当作自己的终极目标。

2. 要避免现在所做的任何事都完全是为了个人利益。

3. 要去除对某些人持有的偏见或歧见。

4. 在乎周围的人所作所为的同时，也要了解自己所求的是什么。

5. 追求效率，但不要想一步登天，很多事情是需要时间来酝酿的。

6. 想要拥有权力，就必须承担责任。

7. 消除自以为了不起的毛病。

人生本就有得有失，选择权在你自己，面临人生重要关卡时，你可要想好了。

有容纳他人的胸怀，敢于接受事实

要试着放下自己的面子，承认别人的能力，他比你强，就是比你强，承认山外有山，要有容纳他人的胸怀，要敢于接受事实。

当今的克莱斯勒汽车公司是美国三大汽车公司之一。但是谁又会想到，这家公司在20世纪70年代曾连遭挫折，到1979年，亏损额高达1132万美元，积欠各种债务高达48亿美元，公司濒临破产。在这种恶劣的情况之下，底特律的另一角传出一条爆炸性新闻：福特汽车公司总经理艾科卡因与董事长亨利·福特二世矛盾激化而被解职。

那时的艾科卡已有相当大的知名度。他的才能众所周知，想聘请他的公司数不胜数。其中财大气粗的国际纸张公司、洛克希德公司、沙克广播公司，都相继提出了优厚的聘用条件。在这时，克莱斯勒公司仿佛在茫茫黑夜之中看到了救星，决心聘任艾科卡这位汽车业的奇才担当本公司的总经理。克莱斯勒公司为了免遭倒闭，决定不惜一切代价去争取艾科卡。

克莱斯勒公司的董事长乔克尔恩·里卡多先是派了两位很有名望的董事前去试探。紧接着，自己又多次出马，急切地希望艾科卡能到本公司来大显身手。艾科卡被他的诚意打动了，同意应聘，但却提出了两个让一般人不可能接受的先决条件：

第一个条件是年薪不能低于他在福特公司时的36万美元。艾科卡要争口气，他不愿意在福特二世面前丢人"现眼"。而当时里卡多身为董事长，年薪才拿34万美元。这个条件对里卡多来说，确实有点为难。如果让经理拿的年薪比董事长还多，那违背公司的制度，也不符合企业界的惯常做法。为此，克莱斯勒公司专门召开了董事会，议定将董事长和总经理的年薪都定为36万美元。

怕，就会输一辈子

　　第二个条件是他要有百分之百的自主权。艾科卡明确表示，他的条件是两年后乔克尔恩·里卡多要退出第一把交椅，由他担任董事长一职。这种情况可以说极其少见。在中国，如果哪个单位想调进一位有才干的人，而这个人开口就说，我去了要当你们的领导，恐怕是百分之百不会被接受。即使三顾茅庐的刘备也不能答应。刘备只需要诸葛亮辅佐自己，倘若后者提出要取而代之，那是断不容许的。刘备临死时，演了一段"白帝城托孤"的戏。他一把鼻涕一把泪地对诸葛亮说："犬子阿斗如果可以扶持的话，你就辅佐他。如果不堪扶持的话，你就自立为帝。"那诸葛亮听了心如刀绞，泪如雨下，跪拜在地说："臣安敢不竭股肱之力，尽忠贞之节，继之以死乎！"刘备要的就是这句话。他知道儿子阿斗无能，而诸葛亮又是一个"士为知己者死"的人。他这么一说，就是诸葛亮有"自立为帝"的打算也不会干了。可见，刘备虽对诸葛亮言听计从，但哪怕自己死了，也不愿意把他得到的江山让给他人。乔克尔恩·里卡多在对待人才方面则更胜一筹，他听了艾科卡的条件，当场表示："只要你肯来，就让你当。"

　　艾科卡提出的两个条件都实现了，他也履行了自己的承诺，担任了克莱斯勒公司的总经理。艾科卡的确是一位奇才，他不负众望，很快就使克莱斯勒公司起死回生。1982年，公司还清了13亿美元的短期债务，盈利1.7亿美元，节存现金11亿美元。1983年克莱斯勒又盈利7.05亿美元，提前7年还清了政府贷款的保证金。这些卓越的成就，使得艾科卡名声大振，身价倍增。

　　克莱斯勒汽车公司终于走出了困境。在人们对艾科卡大加赞扬之际，也不应忘记，克莱斯勒公司之所以能度过危机，主要原因是他们不惜代价地抢到艾科卡，这是他们的董事长的英明。

　　克莱斯勒汽车公司由衰败走向强盛的事例，说明一个优秀人才，在公司的核心位置上，所发挥的中坚作用是无比强大的。

　　而原董事长乔克尔恩·里卡多为了公司的利益不计个人得失，

大度纳贤，也应为人称颂。福特却因容不得他人而使福特公司树起了一个强劲的对手，蒙受了不应受到的巨额损失。

人无完人，要认识自己，就得走出自己。不仅要有进取精神，不断自我完善，还要敢于用人之才，用人之长。只有这样，才能不断取得成功。

选择了积极心态的人，会到达成功的彼岸

选择了积极心态的人，会到达成功的彼岸，选择了消极心态的人，则会遭遇失败。

有些人只是暂时使用积极的心态，当他们遇到了挫折，就失去对它的信心，他们开始是对的，但是一遇到挫折，则将隐形护身符从积极的一面翻转到消极的一面，以消极心态来麻痹自己、慰藉自己、封闭自己，期望凭着他们的消极心态，天上会掉下馅饼。他们不了解消极心态产生的后果。

持续的消极心态会产生以下两种主要后果：

1. 消极心态在关键时刻会散布疑云

一个人在生活中老是寻找消极的东西的话，消极心态就会成为一种难以克服的习惯。这时即使出现好机会，这个消极的人也会看不见抓不着，甚至会把每种情况都看作一种障碍、一种麻烦。

障碍与机会有什么差别呢？关键就在于人们对它的态度。积极的人视挫折为成功的踏脚石，并将挫折转化为机会；消极的人视挫折为成功的绊脚石，任机会悄悄溜走。

面对同样的机会，充分使用积极心态的人能获得人生中有价值的东西，而充分运用消极心态的人则看着幸福渐渐远去，心里懊悔，却不见有任何行动。积极心态有助于克服困难，发现自身的力量，

有助于人们踏上成功的彼岸。反之，消极心态会在关键时刻散布疑云，使人错失良机。

对此，拿破仑·希尔讲过一个故事。

故事来自美国南方的一个州，那里用烧木柴的壁炉来取暖。过去那儿住着一个樵夫，他给某一个人家供应木柴达两年多之久。这位樵夫知道木柴的直径不能大于18厘米，否则就不适合那家人特殊的壁炉。

但是，有一次，他给这个老主顾送去的木柴大部分都不符合规定的尺寸。

老主顾发现这个问题后，就打电话给他，要他调换或者劈开这些不合尺寸的薪柴。

"我不能这样做，"这个樵夫说道，"这样所花费的工价就会比全部柴价还要高。"说完，他就把电话挂了。

这个老主顾只好亲自来做劈柴的工作。他卷起袖子，开始劳动。大概在这项工作进行了一半时，他注意到一根非常特别的木头，这根木头有一个很大的节疤，节疤明显地被人凿开又堵塞住了。这是什么人干的呢？他掂量了一下这根木头，觉得它很轻，仿佛是空的，就用斧头把它劈开了，一个发黑的白铁卷掉了出来。他蹲下去，拾起这个白铁卷，把它打开，吃惊地发现里面包有一些很旧的50美元和100美元两种面额的钞票。他数了数，恰好有2250美元。很明显，这些钞票藏在这个树节里已有许多年了。这个主顾唯一的想法是使这些钱回到它的真正的主人那里。他抓起电话听筒，又打电话给那个樵夫，问他从哪里砍了这些木头。这位樵夫的消极心态维护着他的排斥力量。

"那是我自己的事。"这个樵夫说，"如果你泄露了你的秘密，别人会欺骗你的。"主顾尽管作了多次努力，还是无法获悉这些木头是从哪里砍来的，也不知道是谁把钱藏在树洞内。

这个故事的要点并不在于讽刺，而在于说明：具有积极心态的人发现了钱，而具有消极心态的人却不能。可见，好运在每一个人的生活中都是存在的。然而，以消极的心态对待生活的人却会阻止佳运造福于他。只有具有积极心态的人才会抓住机会，甚至从厄运中获得利益。

2. 消极心态会使希望泯灭

看不到将来的希望，就激发不出现在的动力，消极心态会摧毁人们的信心，使希望泯灭。消极心态就像一剂慢性毒药，吃了一服药的人会慢慢变得意志消沉，失去动力，而成功就会离保持消极的人越来越远。

拿破仑·希尔还讲过一匹赛马的故事。

约翰·格里尔是一匹著名的良种赛马，它曾经取得过许多次赛马比赛的好成绩。它被认为是 1902 年 7 月的比赛中的种子选手。事实上，它的确是很有希望获胜的，它被精心地照料、训练，并被广告宣传为唯一能获得机会击败在任何时候都占优势的赛马"战斗者"。

1902 年 7 月在阿奎德市举行的德维尔奖品赛中，这两匹马终于相遇了。

那天是一个极为庄严隆重的日子，万众瞩目着起跑点。当这两匹马沿着跑道并列跑时，人们都清楚"格里尔"是在同"战斗者"作殊死的搏斗。跑了四分之一的路程，它们不分高低；跑了一半的路程，跑了四分之三的路程，它们仍然不分高低。在仅剩八分之一的路程的地方，它们似乎还是齐头并进。

然而就在这时，"格里尔"使劲向前窜去，跑到了前面。

这是"战斗者"骑手的危急关头，他在赛马生涯中第一次用皮鞭持续地抽打着坐骑。"战斗者"的反应是这位骑手似乎在放火烧它的尾巴，它就猛冲到前面，同"格里尔"拉开距离，相比之下"格里尔"就好像静静地站在那儿一样。比赛结束时，"战斗者"比"格里尔"领先七个身长。

　　"格里尔"原是一匹精神昂扬的马，是一匹很有希望的马，但是这次经历却把它打败了。将它的隐形护身符从积极那面翻到了消极的一面，从此它消极、悲观、一蹶不振。后来它在一切比赛中都只是应付一下，再也没有获胜。

　　人虽然不是赛马，但是有格里尔精神的人却大有人在。他们也像格里尔一样，在积极心态的指导下，也曾经有过辉煌的时刻。但是当他们一遇到挫折，他们的护身符便由积极的一面翻到消极的一面，他们悲观、失望，看不到希望的灯火，从此一败涂地。

　　持有消极心态的人，对将来总是感到失望。在他们的眼中，玻璃杯永远不是半满的，而是半空的。

　　消极心态不仅会产生两种主要后果，而且还具有传染性。

　　俗话说，物以类聚，人以群分。聚在一块的人则互相影响，逐渐靠拢而变成一个样。

　　人们大概注意到结婚多年的夫妇行为逐渐变得一样，甚至连外貌也相似，而心态的同化是最明显不过的了。跟消极心态者相处得久了，你就会受他的影响。接触消极心态者就像接触到原子辐射。如果辐射剂量小，时间短，你还能活，但持续辐射就会要命了。

　　另外，消极心态还限制了人的潜能。

　　一个人的行为方式，不可能永远与他的自我评价相脱节，消极心态者不但想到外部世界最坏的一面，而且总想到自己最坏的一面。他们不敢企求，所以往往收获更少，遇到一个新观念，他们的反应往往是："这是行不通的，从前没有这么干过。没有这主意不也过得很好吗？这风险冒不得，现在条件还不成熟，这并非我们的责任。"

　　所罗门国王据说是世界上最明智的统治者。在《圣经》箴言篇第23章第7节中，所罗门说："他的心怎样思量，他的为人就是怎样。"

　　换言之，人们相信会有什么结果，就可能有什么结果。人不可能取得他自己并不追求的成就。人不相信他能达到的成就，他便不会去争取。当一个消极心态者对自己不抱很大期望时，他就会被自己取得成功的能力"嘭"的一声封了顶。他成了自己潜能的最大敌人。

综上所述，消极心态是失败、颓废、消极的源泉。要想办法遏制这股暗流，不要让错误的心态，使你成为一个失败者。

没有激情，就没有任何事业可言

杰克·韦尔奇在自传中写道："每次我去克罗顿维尔，向一个班级提问，拥有什么样的素质才能称得上一名'顶级的玩家'，我常常高兴地看到第一个举起手来的人说：'是工作热情。'对我来说，极大的热情能做到一美遮百丑。如果有哪一种品质是成功者共有的，那就是他们比其他人更在乎。没有什么细节因细小而不值得去挥汗，也没有什么大到不可能办不到的事。多年来，我一直在我们选择的领导中挖掘工作热情，热情并不是浮夸张扬的表现，而是某种发自内心深处的东西。"

什么东西能够激发一个人为了完成一件任务可以几天几夜不眠不休，可以承受几年甚至更长的时间去做琐碎细致的工作而一直追求卓越，可以面对任何困难毫不退缩，可以面对无数次拒绝仍然不会放弃，可以不惜一切代价地去做事，可以不达目的绝不罢休？是进取的激情。

比尔·盖茨说过："每天早晨醒来，一想到所从事的工作和所开发的技术将会给人类生活带来的巨大影响和变化，我就会无比兴奋和激动。"正是这种激情激励他创立了世界上著名的微软公司，使个人电脑在世界上得以普及。

萨姆·沃顿，这位沃尔玛公司的创始人，80多岁的时候，还马不停蹄地在全国巡视他那庞大的连锁店帝国。他去南美洲考察的时候，因为在超市里不断爬上爬下测量货架之间的距离，被超市报警送到警局里。

当然，我们对于理想有自己的考虑，并不一定非要像这些大富豪一样积累巨大的财富。我们有我们自己的追求。要知道，我们来到这个世界，不是为了浑浑噩噩、稀里糊涂地度过此生，为的是要体现自己的人生价值，发挥出自己的本色，做一个最好的自己。没有人愿意虚度一生，谁都希望自己的生命充实美满，富有意义。进取之心人皆有之。可是岁月流逝，越来越多的人失去了斗志和激情。如今，我们正处在人生的创造时期，怎能失去进取之心，失去激情，麻木不仁地度过此生呢？

怎样发现和释放激情呢？

一个天主教神父到修建中的教堂工地上随便走走，和工人聊聊天。他看到一个工人的工作是敲石头，就问他在干什么，这个工人便说："你没看到吗？我在敲石头啊。"神父继续走，看到另一个工人也在做同样的工作，就问他同样的问题，这个工人说："我在工作赚钱。"神父又问第三个工人，结果这位工人热切地说："我是在盖一座大教堂，以后会有很多很多人来这里做礼拜。"

热爱自己的工作，说来容易做来难，但关键在于，你要看到你所做的事情的意义和价值。如果你能换一种眼光来看待你的工作，你的感受可能就会发生变化。

你对一件事了解得越多，你就会对它越感兴趣。想想看，你对你没接触过的东西会感兴趣吗？绝对不会，甚至你可能根本没兴趣去接触它。可是，一旦你对这件事的了解多起来，你就越能发现其中的乐趣。所以，你不妨对于你的工作多做些研究，多思考其中的窍门，这是个很有效的技巧，你会发现你不仅增强了工作的技能，而且还能从工作中感受到乐趣。

没有什么工作是可以轻视的，也没有什么工作是你不能从中感受到乐趣的。很多人轻视和厌烦他们所从事的工作，他们一定会把自己的工作看成是每天在毫无意义地敲打大石头呢！想想这样的人，他们从周一干到周五，是一件多么受折磨的事情啊！还有一些人有一种浪漫主义的想法，以为只有某些行业的工作才是有意义的，比如说做律师啊，金融啊。实际上，能不能从工作中感受到乐趣和激情，这是一种能力，或者说是一种习惯。如果没有养成这种习惯，做什么工作都不可能会踏实。当你养成了这种习惯，在任何工作中你都能发现乐趣。希尔顿饭店总裁曾经说过："我们饭店最普通的工作人员都热爱自己的工作。你能想象在勤杂业的爱因斯坦吗？如果你不能想象，那你就没有资格在这个行业里混。"

火热的欲望产生激情，激情造就卓越。爱默生曾经说过："没有激情，就没有任何事业可言。"有欲望的人才会成功，你要做的就是要把这种欲望转化为熊熊的火焰，让这火焰把自己燃烧起来。

与其嫉妒，不如想办法追上对方

你也许可能遇到过下面的情况：艰苦努力之后，你把精心拟就的工作方案呈报给老板。他对你的工作成果大加赞赏，在大家的面前"拍你的肩膀"，表示重视你的才能，在会议中上上下下也都一致赞许你的真知灼见。再如，你刚好成功地完成了一项任务，使公司大赚了一笔钱，各部门主管对你另眼相看。这时的你必然是春风得意，难掩喜悦之色，大有世界都属于你的感觉，有点飘飘然了吧？但你兴奋忘形之际，也许正是你自埋炸弹之时。这实在太危险了。

有时，最好的知识就是全然不知或装作全然不知。因为我们必须和他人共同生存，而大多数人都不希望你比他们更优秀。很多时候，你真的应该：宁可与人共醉，不可独自清醒。叫别人嫉妒你，是件失败的事，它会使你不知不觉之间成为很多人的敌人。

如同事之间嫉妒的产生都是因为以下的情况："他的条件又不见得比我好，可是却爬到我上面去了！"他和我是同班同学，在校成绩又不比我好，可是竟然比我发达。比我有钱！"……换句话说，如果你升官了、受到上司的肯定或奖赏、获得某种荣誉时，那么你就有可能被同事中的某一位或多位嫉妒。女人的嫉妒会表现在行为上，说些"哼，有什么了不起"或是"还不是靠拍马屁爬上去的"之类的话，但男人的嫉妒通常放在心里，有的放在心里也就算了，有的则开始跟你作对，表现出不合作的态度。

如何才能避过这些办公室里的敌意呢？

首先，请切记别乐昏了头脑，要处处表现得虚心，不要容易满足。总之，就是采取谦让的姿态。当你像坐直升机一样，职位一天比一天高时，请仍然保持与旧同事的关系，抽时间与他们在一起聚聚。谈话时更不能自己翻那些成功史，即使别人阿谀一番，也当是耳边风好了，或者索性说："那绝非我的功劳，老板对我也是太好了。"或"多谢你的夸奖了，其实我还要更加努力，才能胜任此职。"处处表现虚心，不要颐指气使的。同事一旦对你有了偏见（由嫉妒演变而来），他日做起事来，屏障肯定更多，对你当然不是好事了。

为了达到某些目的，不少人勤于制造高帽，往"目标物"头上送。你的职权大，成为"目标物"乃是自然事。对有心者而言，他们就会有"果真如此"的想法；无心者呢，也可能产生"原来如此"的看法。总之，让人看穿了心事，自古百害而无一利。所以，凡事应该有所保留，婉转地多谢对方的褒奖："谢谢你的欣赏和鼓励，我受之有愧！"但切勿自满！

其次，热诚待人，又富幽默感的你，深得同事们爱戴，对你尊重有加。可是，一旦到了"盲目"热情的地步，就会带来隐忧。对下属，问题不会太大，只是有些人随波逐流，会形成更大的力量，但对你影响不大。问题是出在同级之间和对上司方面。先说前者，人人对你热情有加，相对之下，必然冷落其他人。受到冷淡对待，滋味一定不好受，追根究底，多少会迁怒于你。或许，在私下里，他们已经不约而同地对你有攻击之意，这就大大不妙，因为这样在工作上会造成颇多阻力。更不利的是，连上司也瞧你不顺眼，大概是怕你深得人心，将他比了下去，对他造成威胁。这样，你以为上司还会器重你，对下属大公无私吗？

最佳的办法，是全数承受了对方的夸奖，却将功劳归于整个部门："多谢夸奖，这个计划得以顺利完成，也是我们部门各位同事通力合作的成果，值得庆祝！"做出让步的姿态，对人更有礼，更客气，千万不可有倨傲的姿态。这样就可减少别人对你的嫉妒，因为你的低姿态使某些人在自尊方面获得了满足！

因此，当你一朝得意时，就应该注意几件事：

一、不要凸显你的得意，以免刺激他人，或是激起本来不嫉妒你的人的嫉妒。你若扬扬得意，那么你的欢欣必然换来苦果！

二、看看单位里有无比你资深、条件比你好的人落在你后面？因为这些人最有可能对你产生嫉妒。

三、在适当的时候适当地显露你无伤大雅的短处，例如不善于唱歌等等，好让嫉妒你的人心中有"毕竟他也不是十全十美"的幸灾乐祸的满足。

四、与心有嫉妒的人沟通，诚恳地请求他的配合，当然，也要提示、赞扬对方有而你没有的长处，这样或多或少可消除他的嫉妒。

五、观察同事们对你的"得意"在情绪上产生的变化，以便得知谁有可能嫉妒。一般来说，心里有了嫉妒的人，在言行上都会有些异常，不可能掩饰得毫无痕迹。只要稍微用心，这种"异常"就很容易被发现。

简而言之，遭人嫉妒绝对不是好事，必须以高姿态来化解。但话又说回来，嫉妒别人也不是好事，如果你有了嫉妒之心，又无法加以消除，那么千万不要让它转变成破坏的力量。因为这种力量会伤人也会伤己，而且嫉妒也会阻碍你的进步。因此，与其嫉妒，不如想办法追上对方，甚至超越对方。

Part 6

相信自己，便无所畏惧

　　无论做什么事，都必须相信自己，因为相信了自己，才会有信心一直做下去，才能学会自我欣赏，才会学有所成。伴着盛开的花，蝴蝶才能快乐地飞舞；带着希望，梦想才能飞往高处；迎着温暖的风，我们不再感到孤独。用自己的实力来证明自己，不停下追逐快乐的脚步，不停下追赶幸福的步伐，最后获得最勇敢的幸福。只因相信自己，一直相信自己，便无所畏惧。

说自己行的人，往往更容易成功

"信念"二字，如果用拆字法来解释，信由"人""言"两字组成；念由"今""心"两字组成，我们如果把这四个字合起来一念，就是"今天我心里对自己说的话"。"我行，我一定行"，或者说"我不行，我一定不行"。这都是一个人心里对自己说的话。说自己行的人，相信自己，充满信念，他的潜意识会把成功的信念，变成成功的行动；说自己不行的人，不相信自己，就失去了信念，他的潜意识也会把他自卑的念头变成失败的行动。

两个赫赫有名的人物，一个相信自己，充满信念，他成功了；另一个不相信自己，迷信权威，他失败了。前者叫小泽征尔，后者叫弗兰克林。

小泽征尔，被誉为"东方卡拉扬"的日本著名音乐指挥家，一次在欧洲参加音乐指挥家大赛。他拿到评委交给他的乐谱后，稍作准备，便全神贯注地指挥起来。突然他发现乐曲中出现了一点不和谐的地方，开始时他以为是演奏错了，就指挥乐队停下来重奏，但仍觉得不自然，他感到乐谱确实有问题。可是评委们都认为是他的错觉，说乐谱没问题。面对国际音乐界的权威人士，他难免对自己的判断产生了犹豫。这时他再三考虑，仍坚信自己的判断是正确的。于是，他斩钉截铁地大声说："不，一定是乐谱错了！"他的话音刚落，评委们立刻站起来，向他报以热烈的掌声。

原来这是评委们精心设计的一个圈套，以试探指挥家们在发现错误而权威人士否定的情况下，是否能坚持自己的判断。因为只有具备这种素质的人，才真正称得上是世界一流的音乐指挥家。

弗兰克林是一位很有才华的生物学家，1951 年，他首先发现

怕，就会输一辈子

了脱氧核糖核酸的螺旋结构，但因受到"权威"的诘难，竟然承认这个发现是错误的。后来又有两位科学家在 1953 年重新发现了这一结构，并获得了诺贝尔奖。弗兰克林由于不敢相信自己，将自己在生物学上划时代的发现拱手让给别人，这是多么痛惜的事！

小泽征尔不盲目迷信评委，敢于公开挑战权威，不被大多数人认同的观点左右，勇敢地发表自己的见解，这正是他的信念在起作用。弗兰克林恰恰是没有经受住信念的挑战和考验，与其说他是被权威打败，还不如说他是被自己打倒。

"认为自己能行是正确的，认为自己不行也是正确的。"不论是小泽征尔，还是弗兰克林，他们的结果都是按照他们心里对自己说的那样出现。很多事情"信则有，不信则无"。成功也是如此。说自己行的人，他的潜意识会把成功的信念变成成功的行动；说自己不行的人，他的潜意识也会把自卑的念头变成失败的行动。

有一首诗是这样描写的：

如果你认为被击败，那你必定被击败。
如果你认为不敢，那你必然不敢。
如果你想胜利，但你认为你不可能胜利——
那么你就不可能得到胜利。

如果你认为你会失败，那你就已经失败了。一个人的"认为"，就是心里对自己说的话。说自己不行的人，爱给自己说丧气话，遇到困难和挫折，他们总是为自己寻找退却的借口："我做了很大的努力，已经没有希望了！""我脑瓜笨，不是学数理化的料。""我天生就是个笨蛋！"殊不知，这些话正是自己打败自己最强有力的武器。

说自己行的人，在积极心态的支配下，不论遇上什么困难和挫折，都能坚持到底，永不放弃。小仲马的成功就是最好的说明。

法国著名的小说家小仲马，年轻时喜欢创作，头几年写的作品统统被编辑退回来。他父亲大仲马怕儿子受不了打击，便建议说："你如果能在寄稿时告诉编辑你是大仲马的儿子，或许情况就会好多了。"小仲马固执地说："不，我不想坐在你的肩头上摘苹果，那样摘下来的苹果没味道。"年轻的小仲马不但拒绝以父亲的盛名做自己事业的敲门砖，而且不露声色地给自己取了十几个其他姓氏的笔名，以免让那些编辑把他与大名鼎鼎的父亲联系起来。

小仲马面对那一张张冷酷无情的退稿笺，没有沮丧，他对自己说："我能成功，一定能成功！"这些激励自己的话，排除了失望、犹豫等消极因素的干扰，使他在积极心态的支配下，产生了力量。这种力量不断地推动他去思考，去创造，去行动，去完成使命。

他的长篇小说《茶花女》寄出后，终于以其绝妙的构思和精彩的文笔震撼了一位知名的老编辑。这位编辑曾和大仲马有过多年的书信来往，他发现《茶花女》投稿人的地址和大仲马的地址丝毫不差，怀疑是大仲马另取的笔名，但作品的风格却和大仲马的迥然不同。他带着这些疑问去拜访大仲马。

令他大吃一惊的是，《茶花女》这部伟大作品的作者，竟是大仲马的儿子小仲马。"你为何不在你的稿子上署上你的真实姓名呢？"老编辑不解地问小仲马，小仲马说："我只想拥有自己真实的高度。"

小仲马的话充满了自信，难怪他能够把自己生命里的能量和积极性都充分地调动出来，化成强大的创作动力，使他奇迹般地向着自己希望的方向和目标前进。

可见，自信的产生是自我意识的选择。一个人可以选择成功的自信，也可以选择束缚自己的自卑，这一切全由自己来决定。如果你想选择自信，我建议你先弄清自己身上的优点、长处，一条一条记在心里，不断地告诉自己："我身上拥有无限的能力和无限的可能性。"当你弄清了自己的强项，选择和发挥自己最擅长的能力，也就是自己的优势潜能时，就自然产生了自信。无论发生什么事，

怕，就会输一辈子

x

无论处于什么境地，自信者都相信自己一定能成功。就像当年有人问康拉得·希尔顿何时得知自己将会成功。希尔顿说，当他还潦倒困顿到必须睡在公园的长板凳上时，他已经知道自己以后将会成功。因为那时他不但有了希望，有了成功的意识，他还看到自己身上具有经营管理的能力。

为什么有的人会产生自卑呢？就是因为他们两眼老盯着自己的弱项，遇事喜欢拿别人的优点长处与自己的缺点和短处相比较。原本这些不一样的东西，是不能进行比较的，越比较就越容易产生自卑；越产生自卑，就越觉得自己不行；越觉得自己不行，也就越瞧不起自己；越瞧不起自己，成功就会变得越来越难。

每个人都有自己的强项和弱项，不一定别人走的路你也走得通，不一定别人走不通的路，你就走不通。与其盲目地跟在别人的后面说自己不行，还不如仔细想想，选择适合自己的事，信心十足地对自己说："我行，我一定行！"

说自己行的人一定行，因为他坚信自己是卓越的。他们是不会自卑的或者说他们会克服自卑心理，勇往直前，坚定他们的信念，不言放弃。

自卑是阻止人类进步的最大障碍

假使我们自比为泥块，那我们将真的会成为被人践踏的泥块。

——克里亚

"天生我材必有用"，李白的这句话一直到现在还被认为是最具普遍教育意义的名言，就在于它让我们觉悟到造物主育我，必有伟大目的或意志寄于生命中，而万一我不能将我的生命充分表现于至善的境地、至高的程度，这对于世界将会是一大损失。怀揣这种意识，就一定可以使我们产生出一种伟大的力量和勇气。

对于一个人来说，如果具有坚强的自信，往往可以使平庸的男女成就神奇的事业，甚至成就那些即使天分高、能力强，但是疑虑与胆小的人所不敢染指的事业。自信心是比金钱、势力、家世、亲友更有用的要素，它是人生最可靠的资本，它能使人克服困难，排除障碍，不畏艰险。对于事业的成功，它是最有效的。

不论在什么场合，都不能表现出你自认为自己卑微渺小的容貌举止，这只会处处显得你不信任自己，不尊重自己，别人也自然不会信任你，尊重你。在这个世界上，有许多人，他们以为别人所有的种种幸福是不属于他们的，以为他们是不配有的，以为他们是不能与那些命运特佳的人相提并论的。然而他们不明白，这样的自卑自抑，自我抹杀，是会大大缩减自己生命的。有许多人常常想，世界上许多被称为最好的东西，是与自己沾不上边的，人世间种种善、美的东西，只给那些幸运的宠儿们所独享，这对于他们来讲只能算是一种禁果。他们将自己沉迷于卑微的信念之中，那他们的一生自然也只会卑微到底，除非他们有朝一日醒悟过来，敢于抬起头来要求"卓越"。这个世界上，有不少原本可以成就大业的人，但是，他们最终只得度过自己平庸的一生，平平淡淡地老死。他们之所以落得如此命运，原因在于他们对于自己的期待太小、要求太低。

固然，世人对拿破仑本身的评价褒贬不一，但是，大概没有人会怀疑他的军事天赋与他取得的令人惊叹的战果。据说，只要拿破仑亲临战场，士兵的战斗力量就会增加一倍。军队的战斗力，大部分寓于军士对其将帅的信仰中。如果统领军队的将帅显露出疑惧慌张，则全军必陷于混乱与军心动摇之中；如果将帅充满自信，则可增强部下英勇杀敌的勇气。有一次，一个士兵从前线驰归，将战讯呈递给拿破仑。因为路程赶得太急促，他的坐骑在还没有到达拿破仑的总部就倒地累死了。拿破仑立刻下了一道手谕，交给这位士兵，叫他骑上他自己的坐骑火速驰回前线。这位士兵瞧着那匹魁伟的坐

怕，就会输一辈子

骑，还有上面所配的华贵的马鞍，不由得战战兢兢地脱口而出："不，将军，我只是一个平常的士兵，这坐骑太伟大、太好了，我受用不起！"拿破仑回答他："对于一个法国的兵士，没有一件东西可以称为太伟大、太好而不能受用的！"

如果去研究、分析那些"自己创造机会"的人们的伟大成就时，可以发现，他们在出发去奋斗时，都先具备了充分信任自己的能力和坚强的自信心。他们的心向、志趣，坚定到了足以排除一切阻碍，吓退那些低估轻视自己的怀疑与恐惧，而使他们所向无敌。人的各部分的精神能力，也应像军队一样，要对主帅充满信赖 它是一种不可阻遏的"意志"。

你自信心的大小决定了你成就的大小。假使拿破仑自己以为此事太难，他的军队决不会越过阿尔卑斯山。同样，在你的一生中，假使对于自己的能力心存重大怀疑、或不自信，你也决不可能成就伟业。如果不热烈而坚强地渴求成功，不对成功充满期待，我还不曾耳闻天下会因此有人能取得成功的。成功的先决条件，就是充满自信。支流不会高于它的源头，而人生事业的成功，也必有其源头，这个源头，就是自信。不管你的天赋有多高，能力有多大，教育程度多么精深，你在事业上所取得的成就总不会高过于你的自信："如果你认为你能，你就能；如果你认为你不能，你就不能。"

在我们决定做一件事的时候，首先一定要给自己足够的信心与勇气。一个人可以给予自己很高的估价，而自信往往能助他取得胜利。在他从事事业的过程中一直充满自信，即使刚刚开始，也已取得一半的胜利，操一半的胜券了。那一切自卑、自抑阻止人类进步的障碍，在这种自信坚强的人面前，完全不起作用。永远坚信，没有什么事是我们无法完成的，这就是所谓的"有志者，事竟成"。

活在当下，不要感叹生不逢时

有些人往往有"生不逢时"的感叹，认为过去的时代都是少有的黄金时代，唯独现在的时代是不好的。这真是极大的谬误！凡是构成"现在"世界的一分子，都应当真实地生活于"现在"的世界中。我们必须去接触、参加现在的生活潮流，必须要身处于现在的文化巨浪中。

我们不应生活在"昨日"和"明日"的世界中，而应生活在"今日"的世界中。我们必须知晓今世之为何世，今日之为何日，去接触、反映现实的生活与文化的潮流，避免把太多的精力耗费在追怀过去与幻想未来的虚幻世界中。

一个人能够生活在"现实"中，充分利用"现实"，不枉费心机致力于对过去错误失败的追悔及未来的幻梦中，则要比那些只会瞻前顾后的人有用得多、生活成功而完美得多。

如果你身在一月，可千万不要因为你的幻想飞翔在二月中，从而丧失了从一月中可能得到的机遇；不要因为你对下一月、下一年有所计划和美丽憧憬，而虚度浪费了眼前这一月；不要因为目光注视着天上星光，而看不见你周围的美景，践踏了你脚下的玫瑰花束！

享受你现在所有的安乐、幸福，不要梦想着明年不可期的汽车洋房的享受；享受你今年所有的衣服，不要去妄想着明年不可期的锦绣狐裘。

你应下一个决心，去努力改善你现在所居的茅屋，使之成为世界上最快乐、最温暖的处所。你幻梦中的亭台楼阁、高大洋房没有实现之前还是请你迁就些，把你的心血灌注在你现有的茅屋中。但这并不是要你绝对不去为明天打算、对未来做憧憬，只是说，我们不应过度地把精力集中于"明天",不应过度沉迷于"将来"的梦中,反把当前的"今日"丧失殆尽,丧失它的一切美景、幸福与机会!

请你将你的全部生命灌注于当前的"现实"中吧!假如从"今日"中,你只能获得百分之一的幸福,那你可以不必打算从"明日"中获得百分之九十九的幸福。你还是先努力一次,试从"今日"中取得百分之百的幸福吧!

幻想过度将使今日生活变得枯燥乏味。预测、幻想,可以使我们对于现在的社会地位与工作不感兴趣而产生厌恶情绪。它能破坏人们享受"现在"的心情和创意。

幸福,是由点点滴滴凝聚而成的。

人们有一种心理,就是想脱离现有不满的地位与职务,而在渺茫的未来生活中,寻得快乐与幸福。其实这是错误的想法。试问有谁人可以担保,只要摆脱了现有的位置,就可得到幸福呢?有谁人可以担保,今日不笑的人,明日一定会笑得开怀灿烂呢?假如我们有享乐的本能,日后也不会失去此项本能。

假如我们能够彻悟,只有"现在"是真实的,只有"现在"是现实的存在。彻悟到世间实际上无所谓"昨天"与"明天",而只有"今日"是可靠的;彻悟到我们不应将我们的希望,投射于"未来"的境界,或退归"过去"的光阴;彻悟到我们的所有,只是一个永恒的"现在",而所谓的年、月、日、小时、分、秒,都只不过是这整个的永恒的"现在"之生硬的、勉强的划分!假如我们能够大彻大悟到这一点,我们的生命和欢乐与效率,真不知要增加多少倍啊!

不要感叹生不逢时,珍惜且充分利用你现在所拥有的一切吧。学会用积极的眼光看待人生!

除了你自己，没有任何人能够改变你

对于生活的各种情况，我们不能预知，但我们能够适应它。希望有积极的收获，正确的心理态度和良好的习惯不可或缺。普天之下，芸芸众生，莫不渴望实现自身的价值，莫不渴望致富，莫不渴望成功。但是，如何捕获成功，通向成功之路的起点在哪里呢？人们都在默默寻找。

拿破仑·希尔告诉人们，要想成功，首先应该认识你的隐形护身符。我们每人都佩戴着隐形护身符，护身符的一面刻着 PMA（积极心态），一面刻着 NMA（消极心态）。这块隐形护身符具有两种惊人的力量：它既能吸引财富、成功、快乐和健康，又能排斥这些东西，夺走生活中的一切。

心态是如何影响人的呢？按照行为心理学，当你有一种信念或心态后，若把它付诸行动，就能加强并助长这种信念。

当你有一个信念时，你就能够很好地完成自己承担的工作。这时你会觉得在工作中很有信心，常常这样想，并在实践中想方设法地做好工作，信心就会更强。这就是你的行动加深了你的心态。又比如说你欣赏一个人也是这样子的，你喜欢他，你就会主动与他沟通交往，之后你会不断发现这个人的优点，从而更喜欢这个人。这是情绪和行为相应的一种反映。同样，对于你自己，你很喜欢自己，或你很不喜欢自己，也是这样的。当一个心态存在以后，你的行为会加深它。因此，有的时候孩子或女人，哭起来往往是越哭越伤心，这就是哭的行为促使她发泄情绪。在这里，二者的因和果就混淆在一块了。

所以，如果你认为自己是有能力的，你就会觉得只要经过自己努力就能取得成功。因为这个世界上，除了你自己，没有任何人能

怕，就会输一辈子

够改变你；同样，除了你自己，也没有任何人能够打败你。

无论你自身条件如何恶劣，只要你运用 PMA（积极心态），并将它和其他的成功定律相结合，就可能达到成功的彼岸。反之，无论你自身条件如何优秀，机会如何千载难逢，只要你运用 NMA（消极心态），则你的失败是必然的。

美国总统富兰克林·罗斯福就是运用 PMA（积极心态）成就事业的。8 岁的富兰克林·罗斯福是一个脆弱胆小的男孩，脸上总流露着一种惊惧的表情。他呼吸就像喘气一样，如果被喊起来背诵，他会立即双腿发抖，嘴唇颤动不已，回答得含糊且不连贯，然后颓废地坐下来；如果他有好看的面孔，也许就会好一点，遗憾的是，他却长着龅牙。

一般来说，像他这样的小孩，自我感觉一定很敏锐，不喜欢交朋友，会回避任何活动，成为一个只知自怜的人！

但罗斯福却不是这样。他虽然有些缺陷，却保持着 PMA（积极心态），有一种积极、奋发、乐观、进取的心态。这种 PMA（积极心态）激发了他的奋发精神，促使他更努力地去奋斗的正是他的缺陷。罗斯福没有因为同伴的嘲笑便降低了勇气，他喘气的习惯变成一种坚定的嘶声。他用坚强的意志，咬紧自己的牙床使嘴唇不颤动而克服他的惧怕。就是凭着这种奋斗精神，凭着这种 PMA（积极心态），罗斯福终于成为了美国总统。

罗斯福没有因自己的缺陷而气馁，而是加以利用，变其为资本，变为扶梯而爬到成功的巅峰。在他的晚年，已经很少有人知道他曾有严重的缺陷。美国人民都爱他，他成为美国第一个最得人心的总统。这种情况是以前从来没有过的。

他的成功是何等神奇、伟大，然而先天所加在他身上的缺陷又是何等的严重，但他却能毫不灰心地干下去，直到成功的日子到来。像他这样的人，如果停止奋斗而自甘堕落，是相当自然而平常的事！但是罗斯福却不这么做。假使有什么可怜的地方，他就让朋友们来可怜他，他从来不落入自怜的罗网里，而正是这种罗网害了许多比他的缺陷要轻得多的人。

没有人能想象这位受到爱戴的总统，竟会有如此悲哀的童年以及如此伟大的信心。

如果他极为注意身体的缺陷，或许他会花费许多时间去洗"温泉"，喝"矿泉水"，服用"维他命"，并花时间航海旅行，坐在甲板的睡椅上，希望恢复自己的健康。但是，他不把自己当作婴孩看待，而要使自己成为一个真正的人。他看见别的强壮的孩子玩游戏、游泳、骑马，做各种极难的体育活动时，他也强迫自己去参加打猎、骑马、玩耍或进行其他一些激烈的活动，使自己变为最能吃苦耐劳的典范。他看见别的孩子用刚毅的态度对付困难，用以克服惧怕的情形时，他也就用一种探险的精神，去对付所遇到的可怕的环境。如此，他也觉得自己勇敢了。当他和别人在一起时，他觉得他喜欢他们，不回避他们。正是由于他对人感兴趣，从而自卑的感觉便无从发生。

他觉得当他用"快乐"这两个字去接待别人时，就不觉得惧怕别人了。

在他进大学之前，他通过自己不断的努力，有了系统的运动和生活，将健康和精力恢复得很好。他利用假期在亚利桑那追赶牛群、在落基山猎熊、在非洲打狮子，使自己变得强壮有力。有人会疑心这位西班牙战争中马队的领袖罗斯福的精力吗？或是有人对于他的勇敢产生过质疑吗？然而千真万确，罗斯福便是那个曾经体弱胆怯的小孩。

罗斯福使自己成功的方式是何等的简单，然而却又是何等的有效！这是每个人都可以做到的。

罗斯福成功的主要因素在于他的心态和他的努力奋斗。然而，最为重要的还是他的心态。正是他这种积极的心态激励他去努力奋斗，最后终于从不幸的环境中找到了成功的秘诀。他使用隐形护身

怕，就会输一辈子

符，把 PMA（积极心态）的那面朝上，终于获得了成功。

　　"我是自己命运的主宰，我是自己灵魂的领导。"这句诗告诉我们：我们是自己态度的主宰，自然也会变成命运的主宰。态度会决定我们将来的机遇，这是行之四海而皆准的定律。这句诗也强调，无论态度是破坏性的还是建设性的，这个规律都会完全应验。运用 PMA 黄金定律，我们会把心中的各种念头和态度变为事实，同样地也能把富裕或贫穷的思想都变成事实。

　　在"美国联合保险公司"业务部有个叫艾尔·艾伦的人，他一心想成为公司里的王牌推销员。他把自己读过的励志书籍和杂志中所介绍的 PMA（积极心态）原理拿来用。在一本名为《成功无限》的杂志里，他读到一篇题为《化不满为灵感》的社论。不久，他就有了一个施展身手的场所。

　　在一个寒风刺骨的冬天，艾尔在威斯康星市区里冒着严寒沿着一家家商店拉保险，结果一个也没有拉成。他当然非常不满意，但他的 PMA（积极心态）却把不满转变成"灵感"。他突然想起自己读过的那篇社论，就决心一试。第二天从办事处出发前，他把自己前一天的失败告诉其他推销员。他说："等着看好了！今天我要再去拜访那些客户，并且会卖出比你们更多的保险。"

　　说也奇怪，艾尔真的办到了。他回到原来的市区里，再度拜访每一个他前一天谈过话的人，结果他一共卖出 66 份新的意外保险。

　　许多杰出人士共同的特征是把隐形护身符翻过来，不用 NMA 的那一面，而使用具有 PMA（积极心态）的这一面。大多数人都以为成功是透过自己没有的优点而突然降临的，或是我们拥有这些优点，却视而不见。其实最明显的往往最不容易看见，每一个人的优点都是自己的 PMA（积极心态），这一点也不神秘。

　　消极心态的特性都是反面的，它们是消极、悲观、颓废等不正确的心理态度。积极心态是正确的心态，是由"正面"的特征所组成的。比如信心、诚实、希望、乐观、勇气、进取、慷慨、容忍、机智、诚恳与丰富的常识等都是正面的。

在研究成功人士多年以后，拿破仑·希尔终于下了一个结论：积极的心态正是他们共有的一个简单的秘密。

有创造力的人，往往是标新立异的先锋

每一个军事爱好者一定对滑铁卢之战，尤其是对其中的巴顿将军记忆深刻。当别人问起巴顿将军胜利的秘诀时，在阐释完种种军事策略后，巴顿将军都会加上一句："我从来都没有怀疑过我会取得这场战争的胜利，即使从一开始我就知道我一定要奋勇向前，虽然敌人一直都很强大。"

在这个世界上，"奋勇向前"，是大多数成功者的秘诀。它意味着勇敢和创造力，它也是进取者必须具备的特点。在人类历史中，只有那些相信自己、做事不退缩、勇敢而富有创造力的人，和那些具有冒险精神的人，才能成就伟大的事业。毛主席从不照搬军事教科书上的战术，他虽然在一开始受到许多将士的诘难与指责，但他却能战胜强大的敌人。拿破仑并不熟知以往的一切战术，但他自己制定的新战略和新战术，竟能战胜全欧洲。美国前总统罗斯福自执政以来，绝少依照白宫前任总统们的政策方略。虽然他做过警察、公务人员、副总统、总统，但是他总是按照自己的意见去做，决不模仿他人，终于表现出惊人的政绩，带领着美国人民走出困境。在每一个国家，每一个时代，都有靠自己闯出一条新路的伟大人物，哥白尼、伽利略、莫里斯、艾略特、斯蒂芬森、弥尔顿、贝尔、爱迪生等等，这些都是凭着自己的路子奋勇向前的伟大人物。

自古以来，那些有毅力、有创造力的人，往往是标新立异的先锋。闯出新路的伟大人物，决不抄袭、模仿他人，也不愿意墨守成规而

怕，就会输一辈子

使自己受到束缚；而那些懦弱胆怯而无创造力的人，永远不会打开新的出路。在我们的世界上，有创造力的人，到处都有出路，到处都需要他。但模仿者、追随者、因循守旧者，绝少有开辟新路的希望，也不会受到人们的欢迎。世界上所需要的是一批具有创造力的人，他们能脱离旧的轨道、打开新的局面。耶合力与斯图尔特在东方传教出名以后，成百上千的年轻教士们追随他们讲道的方式、态度和姿势。然而在那些年轻教士中，没有一个成功的。这便是成功绝不会出于完全模仿的例证。因为依赖他人、模仿他人的人，不论他所仿效的偶像是多么伟大，他也决不会成功。完全的因袭和模仿不可能带来成功，只有出于自己的创造，才是真正的成功。

现在英国正式向国际社会售出 31 艘兵舰，以不到当初造舰费用的 5% 的 1500 万美元出售。这是为什么呢？因为这些兵舰已搁置多年，式样陈旧，所以不得不低价售出。在 500 年之后，今天最新式的机器也会被不断进步的企业家视为垃圾。可见，一切陈旧的东西都是要被淘汰的，而只有新的创造才是时代所需要的。

这个世界上的万物不断更新交替，使这个世界变得生机勃勃。试问有哪一件新事物的产生离得开古往今来的创新者呢？如果从历史中把创新者的事迹删去，谁还会去读世界历史呢？人类生活的改进、现代社会的繁荣，无一不是孕育在一批闯出新路者的脑海之中。他们还是毫不顾忌地一往无前，即使遇到困难、反抗，甚至是讥讽，还是要破除先例和旧习，创造更好的事物，使这个世界永无止境地向前进。

奋勇向前的成功者，永远向着洒满阳光的大道走去。他们不会去做已有很多人在努力的某项工作，也不会用别人所用过的方法，他只是做着他自己的事。目前世界上的种种进步，都是不断打开新局面、开辟新道路的结果，都是摒弃一切陈腐的学说、落伍的思想、愚昧的迷信而努力更新观念、不断创新的结果。所以，那些使你自己获得成功的神秘力量，其实就蕴含在你自己的身体里，蕴含在你的才能、勇气、坚韧、决心、创造力和品格中。奋勇向前冲吧，以你的才能、勇气、坚韧、决心、创造力和品格，去创造属于你自己的胜利！

不要低估自己，你本身就是造物主的一个奇迹

在人群中，不少人在童年时期未受到适当的鼓励。老师对他说：你永远不会成为一个好学生；母亲对他说：生下你来真是让我一辈子抬不起头来。我们听说过很多这样的人，往往因为那些不恰当的言辞，就如杂草般自生自灭，平凡地度过一生。就像休息可让你恢复活力一样，自信也需要你时时培养，才能正常维持。自信是一种后天的产物，没有人天生就具有这种品德。

西方的家庭、学校教育孩子时，鼓励和表扬占了主导地位。类似于"孩子，我真为你骄傲！""我知道你会把这件事情做好。""天哪，你成功了，你太棒了！"之类的话，经常挂在西方国家父母和师长嘴边。但中国父母在少年的生活经历中，总是在挑他们的毛病，对孩子的表扬十分吝啬，而孩子也习以为常。其实这些家长是犯了最大错误的。

这种对孩子吝啬的表扬，对孩子以后的发展产生了极其不好的影响。有些人即使进入青年阶段，少年时缺少信心的阴影依旧挥之不去。在生命的旅程中，不管你碰到什么样的困难，首先要决心自己拯救自己，不要指望别人，没有人会比你更认真地对自己负责，要时刻提醒自己，最重要的看法是你对自己的看法。

这世界因有你而多一份色彩，你本身就是造物主的一个奇迹，不要低估自己，也不要忽略你的潜能。只要你付出，这世界就会为你而改变。从你生命开始那一刻起，你就在与自己对话。你的想法、你的行动与自己进行经常性的谈话，别人对你的鼓励和表扬远远比

不上你自己对自己的鼓励和表扬，所以要自己鼓励自己，自己表扬自己。如果你事先肯定了自己，然后再做出对自己的鼓励和表扬，不久你就会发现，你在慢慢地进步。

要想搞清你自己心中的价值取向，坚定自己的价值观，则要先对生命进行深层次的思考，

自问为什么选择此种价值观，一旦你最终说服了自己，不管别人说什么，把你认为真实、美好、永恒、值得追求的，记下来。如果你能以自信心说服别人，在五彩缤纷的世界里，你就确立了生生不息的行动力。日久弥坚的自信心，会始终不渝地伴随着你，引领你一步步走向成功。

世界本就不完美，成功的道路上难免会失败，但是千万别因为失败而从此放弃了奋斗。失败只不过是拉开一条新的向成功迈进的起跑线。古训有：失败是成功之母。不要以失败为耻，只有失败，你才会获得新的经验，你才会有新的进步。失败一次，就表示你对即将从事的又一次向成功挑战的尝试。况且，失败还能磨炼你的意志。

人无完人，不要对自己有太过分的要求。自信心的建立，要求你经常肯定自己的成就。如果你做销售，在公司二十名销售员中排在第十，不要紧，不要灰心丧气，当然，更不能沾沾自喜。你应当这样想："我还有进步的余地，虽然我已经很不错了，努力吧！"成功，大多数情况下要求一种平衡、一种比例。你也许会在十全十美的目标下败下阵来，虽屡败屡战，而终难成胜果。可以追求完美，却莫让十全十美成为动摇自己自信心的因素。正如小时候考试，你考了98分，而母亲却埋怨你一处马马虎虎被倒扣了两分，因而失去了满分。不要着急，再遇到这样的情况时，告诉她，你的成绩是"A"，是"优"。

不要不屑于做小事。要知道，大事业也是小事一点点积累起来的。一些人自嘲："我根本没拿这事儿当回事儿。"对于小事都做不好，谁又敢拿大事让他做呢？做事之时，全力以赴，尽心去做这

件事。每一次小成功的滋润，会让心灵中自信之树愈发茁壮挺拔。减少失败的一剂良药，就是避免让自信心去接受失败的考验，怎样才能做到这一点呢？就是在你做每一件事时，都尽力，都全力以赴。

　　每一个生命都是造物主的一个奇迹，你也是，所以不要低估自己，不要忽略你的潜能。世界因有你而多一份色彩，只要你付出，这世界会为你而改变。有时候在生活中退一步，让自己放松一下，你会发现更广阔的天地。比如，你可以散散步，游会儿泳，在阳光下念首诗，在深夜起床去看流星的陨落，闭上眼去感受晚风轻拂你的脸庞。你能这样享受你的世界中的美，该是多么幸福的事啊！不管什么时候，这个世界都会有许多你未曾体验过的和谐和伟大。世界种种生灵，都是那么的独特并充满着美好，我们能降临在这个人世间，也许已经是一种幸运了吧。

怕，就会输一辈子

Part 7

改变思维方式，转换视角天地宽

生活中，很多事物往往让我们束手无策；工作中，很多事情时常让我们陷入困境。这时候是最考验人的，是最让人揪心和头痛的。这些考验是一个个残酷的是非题，结果也只有两种，要么是正确的，要么是错误的；做了正确的选择，就走了正确的路，反之，就走上了曲折或坎坷的道路。因此，我们需要理智面对，培养一种良好的思维方式，一分为二地看事物。

采取恰当的方式与别人相处

人在社交场上，总会遇到各种各样怪脾气的人。如何摸透各人的秉性，采取恰当的方式与其相交相处，是一门高深的学问。下面列举9种不同习性的人，分别向你介绍相应的交际技巧。

1. 死板的人

这样的人往往我行我素，对人冷若冰霜。尽管你客客气气地与他寒暄、打招呼，他也总是爱搭不理，不会做出你所期待的反应。其实，尽管死板的人兴趣和爱好比较少，也不太爱和别人沟通，但是，他们还是有自己追求和关心的事的，只不过别人不太了解而已。所以，在与这类人打交道时，不仅不能冷淡，反而应该花些功夫，仔细观察、注意他的一举一动，从他的言行中寻找他真正关心的事来。一旦触及他所热心的话题，对方很可能马上会一扫往常那种死板的表情，而表现出相当大的热情。

另外，与这种人打交道，更多的是要有耐心，要循序渐进。死板的人，总是希望维护好自己的内心平衡，不愿意碰到那些令人心烦的事。如果你在与他们打交道时，能够设身处地为他们着想，维护其利益，逐渐使对方去接受一些新的事物，从而改变和调整他们的心态。这样，仍然可能取得交往的成功。

2. 傲慢无礼的人

有些人往往自视甚高、目中无人，表现出一副"唯我独尊"的样子。与这种举止无礼、态度傲慢的人打交道，实在是一件令人难受的事情。可是，如果我们不得不与这种人接触，又该怎么办呢？

最合适的方式有三条：

首先，尽可能地减少与其交往的时间。在能够充分表达自己的意见和态度，或某些要求的情况下，尽量减少他能够表现自己傲慢无礼的机会。这样，对方往往也会由于缺少这样的机会而不得不认真思考你所提出的问题。

其次，语言简洁明了。尽可能用最少的话清楚地表达你的要求与问题。这样，让对方感到你是一个很干脆的人，是一个很少有讨价还价余地的人。

最后，你还可以邀请这种人从事一些无法摆谱的活动。例如，请他去跳舞，聊聊家常，唱卡拉 OK，等等。而对方一旦在你面前表现出其生活的原色，在以后的交往中，他往往不会再对你傲慢无礼。

3. 沉默不语的人

和"闷葫芦"在一起，人们总会感到沉闷和有压力。特别是对于一些性格比较外向、活跃的人来说，更是觉得难受。因而，在这种情况下，有些人为了活跃气氛，打破这种局面，故意找些话题来说。其实这是没有必要的。因为，对于沉默寡言的人来说，他们之所以这样可能是出于其有某种心事而不愿多言。在这种情况下，你应该尊重对方，不要去破坏对方的心境，让其保持自己内心选择的生活方式。相反，你如果故意地没话找话，并拼命地想方设法与对方交谈，只能引起对方的反感和厌恶。

4. 自私自利的人

自私自利的人尽管心目中只有自己，特别注重个人的得失和利益，但是，他们也往往会因利而忘我地工作。我们对他们不必有太高的期望，也没有必要希望他们能够像朋友那样以义为重、以情为重。与这类人的交往关系可以仅仅是一种交换关系，干多少活，给多少利；干得好坏不同，利也不一样。

从另一个角度说，自私自利的人也常常有他们的特点——精打细算。如果我们能够通过适当的方式，将他们这种特点加以升华，运用到某些比较合适的地方，也可以发挥其优势。例如，让这种自私自利的人干一些财务工作，在有严格约束的情况下，他们往往会成为集体的"守财奴"。这样，岂不是一件好事吗？

5. 争胜逞强的人

这种人狂妄自大，自我炫耀、自我表现的欲望非常强烈，总是力求证明自己比别人强、比别人正确。当遇到竞争对手时，总是想方设法地挤对人，不择手段地打击人，力求在各方面占上风。人们对这种人，虽然内心深处瞧不起，但是为了顾全大局，不伤害交往中的和气，往往处处事事迁就他、让着他。殊不知，那些争胜逞强的人，并不理解别人的谦让，还以为自己真的了不起，由此变本加厉地瞧不起别人、不尊重别人。对这样的人，不能一味地迁就，有必要在适当的时候，以适当的方式打击一下他的傲气，使他知道，天外有天，山外有山。

6. "狂妄"的人

自负的人一般对自己缺乏科学的评价。他们实际上并没有多少学问，往往是自我吹嘘，夸夸其谈，他们所表现的高傲、不屑一顾等神态实际上是一种心灵空虚的补充剂，以维持其虚荣心。与这些人相处的方式实际上很简单，乍看起来他们似乎视野开阔，天南地北，无所不谈，一副居高临下的样子，但只要就某一问题深入地与之探讨，他便会露出马脚。一旦露了马脚，他的威风也就自然扫地。另外，与这类人初次相处时，可以用你的常识将之"震"住。如果做到了这一点，往后的交往便迎刃而解了。

7. 搬弄是非的人

不要以为把是非告诉你的人便是你的朋友，他们很可能是希望从中得到更多的谈话材料，从你的反应中再编造故事。所以，聪明的人不会与这种人推心置腹。而令这种人远离你的办法，便是对任何有关你的传闻反应冷淡，无须作答。

如对方总是不厌其烦地把不利于你的是非辗转相告，以致对你的情绪造成很大的负面影响，你应拒绝和他见面或不接他的电话。此类人不宜过多交往。

8. 性情急躁的人

遇上性情急躁的人冒犯你，你可要严肃对待，一定要保持头脑冷静，也可以暂时置之不理，有时瞪他一眼就够了，有时一笑置之则可。这一笑，在大多数场合，可以使你摆脱尴尬的局面，避免与其发生争吵。据说歌德有一天在公园散步时，迎面碰到一个曾经对他的作品提出尖锐批评的批评家。那位批评家性情急躁，他对歌德说："我从来不给傻子让路。""而我相反。"歌德一边说，一边满脸笑容地让在一旁，于是避免了一场无谓的争吵。这种"一笑置之"的笑，可以是泰然处之的微笑，可以是表示藐视的冷笑，也可以是略带讽刺的嘲笑……

9. 城府深的人

他可能是一位工于心计的人，这种人在与别人打交道时为了获得主动，或者出于某种目的不愿让别人了解自己，往往会把自己保护起来。而且，这种人还总希望更多地了解对方，从而在各种矛盾关系中周旋，使自己处于不败之地。其次，他也可能是一位曾经有过挫折和打击，并受到伤害的人。过去的经历使他对社会、对他人有一种十分强烈的敌视态度，从而对自己采取更多的保护措施。还有一种情况，他可能对某些事情缺乏了解，拿不出有价值的意见。在这种情况下，为了掩饰自己的无知，从而以一种未置可否的方式、含糊其词的语气与人交往，并装出城府很深的样子。

显然，对第一种人，你应该有所防范，不要为之所利用，不要让他完全得知你的底细。对第二种人，则应该坦诚相见，以诚感人，对他不应有什么防范，可以毫无保留地对他敞开心扉。对第三种人则不要有什么太高的期望，也不必要求他提供某种看法或判断。

总之一句话：到什么山唱什么歌，遇到什么样的人你就用什么样的对策吧！

你的目光在哪里，你的注意力也就在哪里

命运对每个人来说，都是一个需要用一生的时间去解答的问题，既然如此，我们就不必时时把命运前程放在眼前揣摩，反正一切都会有个结果，不如看看周围自然而新鲜的世界。

眼光决定人生，这一点也不过分。拥有什么样的眼光，你就拥有什么样的人生。

你眼光独创，必然会获得成功；

你眼界狭窄，必然会把一生带进死胡同；

你眼光散漫，人生也充满了散漫与空虚。

反之，你想拥有什么样的人生，也就需要什么样的眼光。幸好，眼光是可以凭自己的努力改变的。

人面对社会，只能去适应。太强的主观能动性经常会使一个人迷失自己，以为凭自己的努力可以改变一切，到头来终会发现自己在整个社会面前只是一个微不足道的小角色，微小到如同地上的蚂蚁。用独到的眼光去得到关于自己的独到的活法，那才是我们的目的。

一个人在社会中，在事业上要取得成就、做出一定的贡献，就不能有"明知不可为而为之"的顽固想法。既然不可为、无法做，或者做不到，那就早点觉悟，立即止步。这样才不至于浪费你的时间、精力、感情，避免出现最后两手空空的结局。

变换一下思维方式，换个角度，也许会收到更好的效果。所以当个人能灵活地处理问题时，视野往往也会随之开阔。如果你对现在的视线范围不满意，请改变你的思维方式。

当你改变了思维方式的时候，会觉得眼前豁然开朗；当你又拥有另一片广阔的天空时，你的思维就会得到更多的滋养和生机。其

实，做到这些并不困难，只要有意识地培养自己这样的思维方式，你就能做到。

有这么一个游戏，吃葡萄时悲观者从大粒开始吃，心里充满了失望，因为他所吃的每一粒都比上一粒小；而乐观者则从小粒开始吃，心里充满了快乐，因为他所吃的每一粒都比上一粒大。悲观者决定学着乐观者的吃法吃葡萄，但还是快乐不起来，因为在他看来他吃到的都是最小的一粒。乐观者也想换种吃法，他从大粒的开始吃，依旧感觉良好，在他看来他吃到的都是最大的。

悲观者的眼光与乐观者的眼光截然不同。悲观者看到的都是令他失望的，而乐观者看到的都是令他快乐的。如果你是那个悲观者的话不妨不换吃法，而是换种眼光吧。

站得高看得远是个永恒不变的真理，但你要先登上高峰才有这样的机会。

想要站得高，就要超越自己的眼光，超越自己的眼光，必须先得超越自己。不妨想象一下自己还没有达到的目标已经达到，那时你会拥有怎样的眼光。

有这样一个笑话，一位年近古稀的农夫说："我的力气和壮年时一样大！"别人都惊疑地看着他，他进一步解释："想想那块大石头，我壮年时抬不动，现在还是抬不动。"不要以为你的眼光没有达到某个目标就以为它一直没有改变，其实你的眼光一直在变，只是你没有察觉到而已。

也许是你给自己眼光定下的参照物在变化，所以你才忽略了变化。因此不要产生悲观的情绪，这反而会损害"视力"。

一位病人找到眼科大夫："医生，我不能念报纸。"医生给他检查以后安慰他："没关系，你的眼睛近视，配一副眼镜就可以解决问题了。"病人惊喜地问："真的吗？我配眼镜以后就可以看报纸了？"医生笑着肯定。病人戴上配的眼镜拿起一张报纸来。"医生，我还是不能念。"医生奇怪地又仔细检查了病人的眼睛："不可能呀？你真的只是近视而已。"病人回答："可是我不识字。"

所以有时是你自己没有区分"看不懂"与"看不见"之间的分别。

你把目光放在哪里，你的注意力也会集中在哪里，所以慎重选择你注视的方向。

你的时间、精力都是有限的资源，不能够供你任意挥霍，所以你最好只关注那些对你有重大意义的人或事，为一些并不重要的东西分散精力和眼力是件得不偿失的事。当然在学会关注之前你要先学会如何区分重要与不重要。

事业并不一定只是拥有雄厚实力，手下员工成百上千，呼风唤雨。对一个主妇来说，经营家庭何尝不是一种事业；对一位教师来说，桃李满天下的满园缤纷何尝不是一种事业。所以对事业的眼光，尽可能放得轻松。没有人能逼你什么，逼你的只是你对事业的偏见。

眼中的感情不仅仅有令人目眩神迷的爱情，还有血浓于水的亲情，四海之内皆兄弟的友情。缺乏任何一种感情，人生都是一种缺憾。

爱情是一种倾尽全力的付出。随遇而安的豁达和心甘情愿的勇气，没有付出的爱是虚伪的，没有得到的爱是苍白的，没有勇气的爱是可怜的。而亲情最重要的是避免伤害，因为人往往容易伤害亲人，在潜意识中亲人是最宽容的港湾。既然如此，何苦让港口支离破碎呢？友情是最奇妙的感情，有缘则聚，无缘则散的话语是友情的真谛。

不要太关注金钱的价值。套一句俗话，钱不是拿来爱的，是拿来花的。把眼光过多投注于金钱上，眼界也会变得斤斤计较起来。

当你遇到问题不能解决时，不妨从另外的一个角度去考虑，也许你会有新的收获和感悟。

睁开"第三只眼睛"，你会变得越来越聪明

据说，孔老夫子带着学生周游列国时，在一个国家饿了很多天，好不容易弄到一点米，便让颜回煮饭给大家吃。饭刚煮好，孔夫子发现颜回悄悄地抓了一把饭往嘴里塞。孔夫子很不高兴，便把颜回狠狠训斥了一顿。颜回委屈地说："我看见饭里有一块脏东西，我怕被别人吃了，于是就自己把这块脏米饭吃了。"

这件事使孔老夫子发现，人存在偏见和主观臆断，看到的就是自己观察事物的盲点。他曾感慨地说："我们每个人都有自己观察不到的事情，遇事都按照自己的理解来加以解释，这就会发生许多误会和错误。"从此，孔老夫子对两只眼睛观察不到的地方，再也不敢匆忙下结论了。可以说，他一生的智慧，主要是靠"第三只眼睛"获得的。

我们在观察和认识事物的时候，为什么会产生盲点？

这是因为每个人头脑当中都有自己固定的思维模式。凡是符合这种习惯和模式的事物，人们对它的认识就十分清楚，而对超出这个习惯和模式的事物，人们往往会加以排斥或忽略。这是大家最容易犯的错误，就连赫赫有名的拿破仑有时也犯迷糊。

拿破仑在滑铁卢失败后，被终生流放到南大西洋的一个孤岛上。传说他的一位密友通过秘密方法送给他一副象棋。拿破仑对这副精致而珍贵的象棋爱不释手，经常一个人对弈，来消磨孤独和寂寞。

拿破仑死后，那副曾经伴随着他 5 年的象棋，多次以高价转手拍卖。这副象棋的最后所有者偶然发现，其中有一个棋子的底部可以打开，里面竟密密麻麻地写着从这个孤岛上逃出的详细计划。

拿破仑这位曾称霸欧洲的法兰西总统，在战场上叱咤风云，征

服了许多国家和民族，军功显赫、权倾一时，可是最后却被习惯性的单一视角蒙蔽。这恐怕是拿破仑一生中最大的一次失败。如果他能睁开"第三只眼睛"，就一定能看到朋友的良苦用心，发现棋子里的秘密。这样，他也许就不会死在这个孤岛上。

哲人说："你在做事时，如果只有一个主意，这个主意是最危险的。"那么我们在观察认识事物时，同样有理由认为，只有一个视角，这个视角是最容易把人引入歧途的。如果我们能睁开自己的"第三只眼睛"，就能寻找、发现不寻常的视角。用这个视角去观察寻常的事物，就使得事物显示出某些不寻常的性质。所谓不寻常的性质，并非事物新产生的性质，而是一直存在于事物之中的，只不过以前人们从未发现罢了。不寻常的视角观察到的事物虽然与别人一样，但构思出的结果却与别人不同。苹果从树上掉下来，人人都能看得到，可是牛顿却从中发现了万有引力定律。在伽利略之前很多人都看到了悬挂在比萨教堂里的油灯来回荡个不停，然而伽利略却从中获得了有价值的发现，经过潜心钻研，成功地发明了钟摆。正像罗丹所言："真正的艺术大师用自己的眼睛去看别人看过的东西，在别人司空见惯的东西上能够发现出美来。"

"第三只眼睛"还能把一个人思考研究的问题形成专一视角。这种高度统一的专一视角，能看到被别人所忽略的事物和现象。人入浴使水溢出澡盆，这平平常常的现象，是人人都遇到过的事，为什么阿基米德却从这个现象中找到鉴定王冠的方法？那是因为他一直在思索"怎样鉴定王冠"这个难题。这个难题就形成了他头脑中一个高度统一的专一视角，使他在感知观察任何外界事物和现象时，都将其纳入这个视角之中，同"鉴定王冠"联系起来，从而能够用与普通人不同的视角，来观察思考"澡盆溢水"这一司空见惯的现象。

"第三只眼睛"还能开阔我们的视野，克服思维定式，不被权威和书本中所说的事物与理论束缚。大数学家希尔伯特曾经幽默地

怕，就会输一辈子

评价爱因斯坦的相对论，他说："我们这一代人一直在探讨关于时间和空间的问题，而爱因斯坦说出了其中最具独创性、最深刻的东西。你们可知道这里的原因吗？那是因为，有关时间和空间的全部哲学和数学，爱因斯坦都没有学过。"希尔伯特的话虽然有些夸张，但是爱因斯坦的成功，的确是因为不受习惯思维所困扰，而是在研究中睁大了自己的"第三只眼睛"，穿透事物的现象，深入到事物的内在结构和本质之中，抓住了潜藏在表象后面的更深刻、更本质的东西。

睁开"第三只眼睛"，人会变得越来越聪明，许多难做的事也会变得越来越容易。比尔·盖茨，20岁时就创立了电脑软件公司——微软。他的成功既辉煌又容易，他就是用智慧的眼睛透过云层，直接看到了通向成功的道路。正像他自己所说："财富可以靠手去赚，但更要靠脑去赚。"当年IBM公司找他为IBM的新型个人电脑写操作系统时，盖茨手头上并没有现成的程序，但他知道一家叫"西雅图电脑产品"的小公司有一种操作系统叫86-DOS。他果断地以75万美元买下这个系统，加以改写，改名MS-DOS，放到IBM公司的个人电脑中。就是这个名为MS-DOS的操作系统打下了后来的微软帝国的江山。现在IBM每卖一台电脑，都要付给微软版税，这项交易被称为是划时代的交易。盖茨就是通过自己的"第三只眼睛"，看准IBM公司的个人电脑将来会执计算机市场的牛耳，把一个实际上不属于自己的东西买下后立即卖给IBM公司。这么简单的交易为什么其他人就做不到？这是因为人们在观察、认识事物时习惯于把一事物与另一事物的关系固定下来，久而久之，形成思维枷锁，认为这一事物只与那一事物有联系，有关系，而看不到这一事物与其他许多事物也发生关系，也能联系在一起。

人的"第三只眼睛"，就是我们常说的"思考"。思考是每个人身上都具有的一种本能，在开发人的潜能方面，思考成功与想象成功、相信成功、行动成功一样的神奇，一样的重要。一个人要想睁开"第三只眼睛",就要把自己的思考本能充分地发挥出来。如果你现在还不善于思考,就先从思维训练开始吧。当你研究和思考一个事物或者一个难题时,先想想这个思考对象可以转化吗?改变原样会产生什么结果?有别的东西或别的方法可以代替它吗?如果放大、加长行不行?如果缩小、变短、分割行不行?如果正反、上下颠倒过来呢?或者将它与别的东西组合在一起又怎么样?遇事你还可以把很复杂的现象看得很简单,把简单的事情考虑得很复杂,把那些陌生的事物当作熟悉的事物去认识,把熟悉的事物又当作陌生的事物来看待。你只要多用脑去想,多动手去干,就能扩展自己的思维视角,激发自己的思维潜能。这样你即便是一个资质平庸者,也会变得像天才一样,又聪明又有本事。

人之所以成为人,是因为人和其他动物有着最大的不同之处,即其他动物只长有两只眼睛,而人却长有三只眼睛。这也许是造物主的有意安排,是对人类的无比恩宠吧!人的"第三只眼睛"就是思考,它与智慧相通、与创造性思维相连,它比另外两只眼睛看到的更多、更远、更深刻。

睁开你的第三只眼吧,这样你看到的世界将与众不同。

没有反叛,便失去了创造的原动力

有这样一位画家,小时候,他为了考进美术学校,必须画好肖像画。为此他做了种种的努力:跟名师学习、参考相关书籍,并进修解剖学以及专攻眼睛、嘴的画法。有一次在画素描时,他发觉自己不知不觉中画的竟是心中熟悉的素描图示,而不是眼前模特儿的脸。他为之愕然,不明白是怎么回事。

其实不难理解,因为大多数人都有怀旧情结,喜欢传统的东西。

怕,就会输一辈子

这种情结，和面对一件古董时的心态差不多。过去经历过的一切，我们都很熟悉，是曾经引导我们战胜过无数困难、取得过无数成就的。它证明过我们的价值，为我们的人生带来过辉煌，并带着我们走向未来。所以，历史才让人怀念，往昔才令我们难以割舍。

要画真正的肖像，就必须拿开滤色镜，让心赤裸裸地、直接观看现实，尊重所绘的对象。差劲的肖像画家画的是已经存在于他心里的形象，因此，他的每一张肖像画看起来都很像。相反，杰出的画家能够抓住每个对象的特性，画出不同风格的肖像画。

在生活中，我们通常依靠图解、习惯以及从别人那里听到的事情来决定方向。根据德国科学家子乙恩的说法，在科学领域也是如此。保守的科学家在所谓的"典范"这个中心概念的范畴内活动，很少有越出传统观念的举动。

在中世纪，没有人对"地球位于宇宙中心"的说法提出异议。"典范"是为了说明现象所建构的认识体系，它同时也是一种图解。一旦出现它无法解释的现象，它就会被丢到一旁。"典范"必须由人来改变。而改变典范的这个人，他不会依赖"典范"看世界，相反，他能够从主流思想中解脱出来，甚至能够与自己保持距离。他好像是降临地球的火星人。德国剧作家布莱希特把这个体验称作"距离设定"。能够领悟这种距离设定，从不拘泥于某一规范的人，历来只是一小部分人。

因此，很多伟大的发明都是出自像爱因斯坦、马可尼这样虽然欠缺传统知识，却不像自己的老师那样有心灵障碍的青年；或者出自广泛涉猎其他学说的业余爱好者。现代统计学便是由数学不太好的遗传学者费雪所发展出来的，这是那种典型的勇于超越"典范"的人。

科学以外的其他领域也是如此，比如在政治上也有同样的情形。意大利政治上的大转变，都是由那些与主流的政治理论保持距离的人们所引发。柏希之所以能够理解意大利北部人抗议的声浪，是因为没有滤色镜、没有被蒙蔽和老套的反对标语束缚，才能倾听他们的心声。他发现所有支配、压榨社会的政党，几乎毫无例外地都把权力与资金集中到罗马，事情终结之后就分裂。因此，要破坏这些寄生的机构，就必须攻击中央集权政治。于是，他喊出了"小偷罗马"这个著名的口号，并提出了建立联邦国家的提议。

另一位卓越的改革者塞尼，为了找出解决方法，也认为必须与一般的思考方式以及政党"保持距离"，以清晰的、崭新的眼光看待这世界。他所理解的是，由于执政党死皮赖脸地活在自己制定的体制下，因此任何改革的提案都很难被接受，都会被无限延期。在这种体制下，传统的、保守的力量声势浩大。除了诉诸公民投票以废除现存体制之外，没有其他办法。他的这种提法，无疑是冒天下之大不韪，其压力可想而知。

他要坚持下去，就必须攻击整个体制赖以生存的根基。那么，是什么根基呢？根基就是依据各政党提出的名单来投票的方式。这方式必须改成盎格鲁撒克逊型的单记名投票方式。总之，必须让市民找回权利，让市民自己来判断、选择。这样，才可能实现体制上的彻底改革。

实际上，任何人如果要保持其判断的独立性，就必须打破自己的习惯和成见，才能看到别人看不到的事实，发现别人从未想过的事情，带领民众走向更高的境界。

无疑，那些能够打破成见、冲破束缚的人，都是真正有大智慧的人。他们不仅帮助民众抛掉思想上的沉渣、解脱传统礼教的捆绑，而且不断开拓自己的思维，擦亮浑浊的眼睛，修炼自己的德行，使自己站在最高处来俯视这个世界，洞察一切善恶真伪。

他们学识渊博，才干出众，但仍然时时感到不满足。总在设法突破过去的自我。他们善于捕捉各类领先的思潮，学习自己不曾涉足的知识，始终向着更远更高的目标奋进，永不停步。

这种人不管在什么领域、什么环境，不论有多么大的压力，总能对陈旧的观念发起挑战。他们勇气过人，一旦发现不利于民众利

怕，就会输一辈子

益和社会发展的缺陷，就会毫不犹豫地站出来，批驳错误的做法，提出新的发展途径，为民众的共同利益不遗余力地大声疾呼。

在一般人眼里，这种人更像是外星人，是异类动物。他们经常标新立异，突发奇想。他们所提出的方案，看似有理但又同现实格格不入，让人无法接受。

当然，也有一些性格温和的人。他们一般不会疾言厉色地提出自己的观点，但同样不拘泥成见。他们虽有不同于别人的认知和计划，却不会强加于人，而是较善于掌握众人的思想，找出病根所在，对症下药，以一种温和的方式来求得计划的实施。尽管如此，他们反潮流的特质仍会令人感到与众不同，人们或者嘲笑他们，或者激烈反对，又或者讥讽他们想出风头，认为他们是故意做出此种姿态，以引起大家的注目和抬举。

因此我们说，真正能从旧观念、旧思维中脱颖而出的人，一定是既有智慧、学识，又具有勇气、能承受各种压力的人。

如果一个人仅有新鲜的想法、独到的见地，却不愿将之表述出来，传达给大众；也不具有实施新方案的决心和毅力，那么这种人并不能算是不拘泥成见的人。为什么呢，因为他的想法往往胎死腹中，没有人知道，更不会产生任何的影响。应该说，这种人在实际行动上仍是保守的人。

现在我们迫切要做的，是给予那些真正不拘泥于成见、大智大勇的人以肯定和支持，而不是把世俗的压力强加于他们头上。

这类人存在的意义远不止于以上所述。事实上，整个人类社会的进步和科学技术的发展，有一大部分功劳应归功于他们。没有突破，自然谈不上前进；没有打破，就不可能建立新的机制；没有反叛，便失去了创造的原动力。

经济的发展，社会的进步都离不开创新；创新是社会进步，经济发展的动力。

锻炼你的"演技",随时准备上台

实际上,在人生的舞台上,上台或下台都是平常的。假如你的条件适合当时的需要,当机缘一来时,你就可以上台了。若是你演得好而且演得妙,你就可以在台上待久一点;假如唱走了音,跑了调,即使老板不让你下台,观众们也会把你轰下台的;或者是你演的角色已经不符合潮流,或者是老板想让新人上台,于是你就下台了。

上台当然是自在的,但是下台难免是神伤的,这就是人之常情。但是我还是认为要"上台下台都自在"所谓的"自在"指的是心情,能够放宽心是最好的,不能放宽心也不能把这种心情表现出来,以免让人以为你已经受不住打击;你说"平心静气",做你应该做的事情,而且想办法锻炼你的"演技",随时准备再次上台—无论是原来的舞台或者是别的舞台—只要你不放弃,就会有机会!

还有另外一种情形也非常令人难堪,就是由主角变成了配角。

假如你看过电影、电视中的男女主角受到欢迎或崇拜的情况,你就可以了解由主角变成配角之后的那种难过之情。

就像是人的一生避免不了上台或下台一样,由主角变成了配角也是一样难以避免的。下台没有人看到也就算了,可偏偏还要在台上表演给别人看。

由主角变成了配角也会有好几种情形,其中一种情形是去当别的主角的配角,第二种情形是和配角对调。

这两种情形以第二种最让人难以释怀。

真正演戏的人可以不同意当配角,甚至可以从此退出那个圈子。但是在人生的舞台上,想要退出并不容易,因为你需要生活,这就是现实啊!

怕,就会输一辈子

因此，由主角变成了配角的时候，不要悲叹时运不济，也不用怀疑有人暗中搞鬼。你需要做到的就是"平心静气"，好好地扮演你"配角"的角色，向别人证明你主角与配角都能演！

这一点是很重要的，若是你连配角都无法演好，那怎么能让人相信你还能够演主角呢？

假如你自暴自弃，到最后就算下不了台，也必将会沦落到跑龙套的角色。人要是到如此地步就很悲哀了。

假如你能好好地扮演配角的角色，一样会得到掌声的；若是你仍然有主演的架势，自然就会有再度独挑大梁的一天。

总的来说，人生的机遇是变化多端、难以预料的，起伏是难免的，有的时候逃都逃不过。碰到这种情况，就应说有"上台下台都自在，主角配角都能演"的心情。这就是面对人生的一种安顿，而且也会为你寻得再度发光的机会！

此时，你的这种弹性肯定也会赢得别人对你的尊重，因为没有人会去欣赏一个自怨自艾而且又自暴自弃的人！

能力再强、际遇再佳的人也不可能一辈子都一帆风顺。假如你是为他人做嫁衣，便有了坐冷板凳或者不受重用的可能性。

为什么说会坐冷板凳呢？原因有很多种。

（1）本身能力不高。只能够做一些无关紧要的事情，可是也还没有达到必须开除的地步。

（2）曾经犯过重大错误的。在社会上做事情不比在学校里办社团，社团办失败了也不会怎么样，在社会上做事一旦犯了错误，就会让你的上司或你的老板对你失去信心，因为他不可能再一次用他的资本或者职位来冒险，因此只好先暂时把你冰冻起来。

（3）老板或者上司有意的考验。人要做大事就要有面对挑战的勇气，还要有身处于孤寂中的韧性。

有时要培养出一个人，除了让他有事做以外，还要让他没事可做，一方面观察，另一方面训练。

这种考验事前不会让你知道，知道了也就不算是考验啦！

（1）人事斗争中的影响。只要是有人的地方就会有斗争，就连私人公司的老板也同样受到员工斗争的影响。假如你不善于斗争，那么你就有可能莫名其妙地失势以及坐起冷板凳来。

（2）大环境变化了。人们常说"时势造英雄"，很多人的崛起都是环境所造成的，因为他的个人条件很适合当时的环境。但是时过境迁，英雄也就没有用武之地了，这个时候你就只好坐冷板凳了。

（3）上司的个人好恶。这并没有什么道理好说，上司或者老板突然就不喜欢你了，于是你就只好坐冷板凳了。

（4）如果你冒犯了上司或者老板。宽宏大量的人对你的冒犯是没有什么的，可是人是有感情的动物，假如你在言语或者行为上的冒犯，惹恼了上司，你就有了坐冷板凳的可能。

（5）威胁到老板或者上司。你的能力如果太强，又不懂得怎样收放，让你的上司或者老板失去了安全感，这样你就会受到冷冻。

老板害怕你夺走了商机并且去创业，上司则怕你夺走了他的位置，这个冷板凳不给你坐给谁坐呢？

坐冷板凳的理由还有很多种，没法——列举出来，而人一旦坐上了冷板凳，一般都无法去仔细想原因是什么，只知道成天抱怨。

但是，与其在冷板凳上疑神疑鬼，这不如调整好自己的心态，努力把冷板凳坐热呢！

（1）强化自己的能力。在不被重用的时候，也正是你广泛收集以及吸收各种情报的最好机会，能力得到了强化，等时来运转时，就可跳得更高，表现得更出色！

但在这段坐冷板凳的时候，别人也正好在观察你。假如你自暴自弃了，那么恐怕就要坐到屁股结冰了，并且恶评一起，恐怕就没有翻身的机会了。

（2）用谦卑来建立较好的人际关系。人都有打落水狗的劣根性，当你坐冷板凳时，别人恨不得你永远都不要站起来！

我们需要谦卑，广结善缘，更不要提起当年勇，那些是无所助益的，并且"当年勇"也会将你坠入"怀才不遇"的情境中，也只是徒增自己的苦闷而已！

（3）更加敬业，每一刻都不疏忽。虽然你做的只是小事，可是也要非常认真地做！

不要忘了，很多人正冷眼旁观，给你打分数哩！

能够有以上所论的作为，你一定可以把冷板凳坐热。无论你坐冷板凳的真正原因是什么，这全都是训练自己的耐性，磨炼自己心志的好机会。况且，冷板凳已经坐过了，别的还有什么好怕的呢？

除此之外，人人都喜欢锦上添花，当你把冷板凳坐热时，你自然会得到许多的赞美与掌声，成为人人钦佩的勇者。假若坐不住冷板凳，那么你就会被别人看轻了，除非你毅然调换工作。

人最怕的就是过安逸的日子

孟子说："生于忧患，死于安乐。"意思是人在困苦的环境中容易激发奋斗的力量，反而容易生存；而在安乐的环境中，因为没有压力，容易懈怠，反而会为自己带来危难。这一句话也可这么解释：人如果时刻都有忧患的意识，不敢懈怠，那么便能生存；如果耽于逸乐，今朝有酒今朝醉，那么就有可能自取灭亡！

在生物学中常常用"煮青蛙"这个实验来说明忧患意识。把一只青蛙投入沸水锅里，青蛙受到强烈刺激后，"嗖"地跑将出来逃生；另一种方法是将青蛙放在冷水里慢慢加温，青蛙意识不到危机将至，不挣扎也不跳出，等它意识到危险的时候，却已没有了逃生的能力，结果被活活烫死。

由此可以得出结论：对于青蛙来说，最可怕的是"渐变"，而不是"突变"。因为突然面临危机，青蛙可以迅速地做出应变反应，从而逃离危险；但让它慢慢地、逐渐地靠近危机，它却悠哉游哉，感觉不到危机的到来，至死也毫无反应，这恐怕是已经舒服得没有反应能力了。

同样，对于每个人来说，最可怕的也是"渐变"。如果人不能时刻保持一种危机感和紧迫感，危机就会来临。人要有忧患意识，也就是要有危机意识！一个国家如果没有危机意识，这个国家迟早会出问题；一个企业如果没有危机意识，这个企业迟早会垮掉，一个人如果没有危机意识，必会遭到不可测的横祸。

伊索寓言里有一则这样的故事：有一只老虎对着树干磨它的牙，一只猴子见了，问他为什么不趴下来休息享乐，而且现在也没看到猎人！老虎回答说：等到猎人出现时再来磨牙就来不及啦！

也许你会说未来是不可预测的，"是福不是祸，是祸躲不过"。既是如此，何不一切顺其自然，又何必要有危机意识呢？没错，未来是不可预测的，而人也不是天天走好运的，就是因为这样，我们才要有危机意识，在心理上及实际作为上有所准备，好应付突如其来的变化。如果没有准备，不要说应变，光是心理受到的冲击就会让你手足无措。有危机意识，或许不能把问题消弭，但却可把损害降低，为自己找到生路！那么，一个人应如何把危机意识落实在日常生活中呢？

首先，应落实在心理上，也就是心理要随时有接受、应付突发状况的准备，这是心理建设。心理有准备，到时便不会慌了手脚。如：人有旦夕祸福，如果有意外的变化，我的日子将怎么过，要如何解决困难？世上没有永久的事，万一失业了，怎么办？人心会变，万一最信赖的人，包括朋友、伙伴变心了，怎么办？万一健康有了问题，怎么办？

其实你要想的"万一"并不只有这几样，所有的事你都要有"万一……怎么办"的危机意识，并且未雨绸缪，做好准备。尤其

怕，就会输一辈子

关乎前程与一家人生活的事业，更应该有危机意识，随时把"万一"摆在心里。心里有"万一"，你自然就不会高枕无忧！当然，这也不是说因此而时刻提心吊胆，惶惶不可终日。但你要记住，这个世界上没有一劳永逸的事情，只有"动态"的稳定，才是真正的稳定。

人最怕的就是过安逸的日子，想想有多少人因为过了多年平顺的日子，如今一遇不顺就前进后退都无路，而又不甘心沦为人人看不起的小角色，到最后他还是只能当个小角色。

对于每个人来说，最可怕的恰恰是"渐变"。如果不能时刻保持一种危机感和紧迫感，就会在危机来临时"舒服得没有反应的能力了"。

《诗经》中有这样一句话："君子终日乾乾，夕惕若，厉无咎。"大意是说君子要终日奋发努力不懈，时时警醒，这样才能处于危险地位而不会发生灾难。

要有"吃亏是福"的心态

在中国传统思想中，有"吃亏是福"一说。这是中国哲人总结出来的一种人生观，它包括了愚笨者的智慧、柔弱者的力量，领略了生命含义的豁达和由吃亏退隐而带来的安稳与宁静。与这样貌似消极的哲学相比，一切所谓积极的哲学都会显得幼稚与不够稳重，以及不够圆熟。

宋代诗僧林天赐作过很多"打油诗"，都是以浅近诙谐的笔调，道出人生的智慧。是亏是福，其实往往取决于你怎么想，怎么看。若一个人处处不肯吃亏，处处想占便宜，于是骄狂之心日盛，难免会侵害别人的利益，最后纷争四起，又怎能不吃亏？

"吃亏"有两种：一种是被动的吃亏，一种是主动的吃亏。

"被动的吃亏"是指在未被告知的情形下，突然被分派了一个你并不十分愿意做的工作，或是工作量突然增加。碰到这种情形，除非健康因素或家庭因素，否则就应接下来；如果冷眼旁观周围环境，发现也没有你抗拒的余地，那更应该"愉快"地接下来。也许你不太情愿，但形势比人强，也只好用"吃亏就是占便宜"来自我宽慰，要不然怎么办呢？至于有没有"便宜"可占，那是很难说的，因为那些"亏"有可能是考验你的心志和能力，也有可能是为了重用你啊！姑且不论是否"重用"你，在"吃亏"的状态下，磨炼出了你的耐性，这对你日后做事绝对是有帮助的。此外，你的"吃亏"也会让人对你无话可说，不得不尊重你。

　　"主动的吃亏"指的是主动去争取"吃亏"的机会，这种机会是指没有人愿意做的事、困难的事、报酬少的事。这种事因为无便宜可占，因此大部分的人不是拒绝就是不情愿。相反，你主动争取，老板当然对你感激有加，一份情绝对会记在心上，日后无论是升迁或是自行创业，他都有可能帮助你，这是对人际关系的帮助。最重要的是，你什么事都做，正可以磨炼你的做事能力和耐力，不但懂得比别人多，也进步得比别人快，这是你的无形资产，绝不是用钱买得到的。

　　这是做事，那么做人呢？

　　做人比做事难。但如果也有"吃亏就是占便宜"的心态，那么做人其实也不难。因为人人都喜欢占别人便宜，你吃一点亏，让人占点便宜，那么你就不会得罪人，人人当你是好朋友。何况拿人手短，吃人嘴软，今天占你一点便宜，心里多少也会过意不去，只好在恰当的时候回报你。这就是你"吃亏"之后所占到的"便宜"！

　　"吃亏"之所以能得到"福"的赐予与安慰，无疑是由中国的哲人对"道"的领悟而来的。当中国的哲人们看到了幸福所带给人们的灾害时，就努力地提醒人们多多地注意反其道而行之。若一个人处处不肯吃亏，则处处必想占便宜，于是，妄想日生，骄心日盛。

怕，就会输一辈子

而一个人一旦有了骄狂的态势，难免会侵害别人的利益，于是便起纷争。在四面楚歌之下，又焉有不败之理？于是，像老子、庄子等人就在他们的著作中强调柔弱的力量、居下的优势和对成功的警戒。

英国的丘吉尔提到："终即始，黑夜之后必有黎明，大洋之下另有深渊。"正是从这样的角度，丘吉尔认为："最精明即最不精明，人渴望安定，却得不到安定。"他还引了一句英国北部农夫常说的话："不必祝福，事情越坏，情况越好。"

生命的运行与宇宙的运行一样，都是周而复始的，春继以夏，夏继以秋，秋继以冬，它们不断地变迁，兴衰交替。当一个人的事业达到巅峰之时，也同时意味着衰败的到来。这就像潮水，潮水涨到一定程度，就开始退潮，而潮水退尽，接着也就是涨潮，然后又是退潮。

人最难做到的，即"吃亏是福"的前提，一个是"知足"，另一个就是"安分"。"知足"则会对一切都感到满意，对所得到的一切，内心充满感激之情；"安分"则使人从来不奢望那些根本就不可能得到的或根本就不存在的东西。没有妄想，也就不会有邪念。所以，表面上看来"吃亏是福"以及"知足""安分"会予人以不思进取之嫌，但是，这些思想也是在教导人们做一个清醒正常的人。因为，一切的祸患，不都是在于人的"不知足"与"不安分"或者说是不肯吃亏吗？

"吃亏就是占便宜"，年轻人尤其要牢记。因为这是累积工作经验，充实做事能力，扩张人际网络最好的方法，如果样样想占便宜，那就要吃大亏了！

了解了这样的道理，人与人之间的你争我夺，得与失的忧虑，就会消失于无形，而这种思想也能在人们心中播下它知足和乐天的种子。吃了一次亏，聪明的人就会从中学到智慧，体悟人生，得到一个大道理——福祸相随，从而知足常乐，调整自己，使自己一辈子幸福。"吃亏就是占便宜"不是没有道理的，所以建议你，用"吃亏就是占便宜"的态度来做事，保证你受益无穷。

人们总是相信一切都能通过努力而得到改变，但也有些人认为，人的一切努力都是徒劳的。这两种不同的思想放在一起，就产生了中国思想中一种不朽的东西，即宁愿吃一些亏，以换来非常难得的和平与安全。

生命如此短暂，别为小事烦恼

爱默生说过一个很有意思的故事。

在科罗拉多州朗峰的山坡上，躺着一棵大树的残骸。植物学家告诉我们，它曾经有四百多年的历史。也就是说，它初发芽的时候，哥伦布刚在美洲登陆。第一批移民到美国来的时候，它才长了一半大。在它漫长的生命里，曾经被闪电击中过十四次；四百年来，它战胜了无数狂风暴雨的侵袭。然而这个巨人的不幸来自一小队蚁虫的攻击，最后，它再无招架之力，倒在了地上。那些蚁虫从根部往里面咬，就只靠它们很小、但持续不断的攻击，渐渐伤了树的元气。这样一个森林里的巨人，岁月不曾使它枯萎，闪电不曾将它击倒，狂风暴雨没有把它摧垮，却因一小队用拇指就可能捏死的小蚁虫而终于倒了下来。

我们难道不都像森林中的那棵身经百战的大树吗？我们也经历过生命中无数狂风暴雨和闪电的打击，并坚强地挺过来了。可是我们有些人却让自己的心被忧虑的"小蚁虫"咬噬得伤痕累累。

想克服由一些小事情所引起的困扰，只要把自己的看法和重点转移一下，就能得到一个新的、令自己开心一点的看法。

下面这则戏剧性的故事可能会让你产生许多联想。故事的主人公名叫摩尔，他讲述了自己的一次难忘的经历：

怕，就会输一辈子

"二战期间，有一天，我和战友所在的潜水艇被日本舰队瞄上了。对方的火力很猛，我们肯定打不过。为了保存实力，我们只好把潜水艇降到了深处。为了保持绝对的静默，我们关闭了所有的电扇、整个冷却系统和所有的电机。"

"刹那间，突然天崩地裂，几枚深水炸弹在我们四周爆炸开来，我吓得几乎无法呼吸："这回死定了。"电扇和冷却系统都关闭之后，潜水艇的温度一下子升得很高，可是我怕得全身发抖。我的牙齿不停地打颤，不得不又多穿了件衣服。攻击持续了长达 15 个小时之久。这 15 个小时的攻击，感觉上就像持续了 15 年。过去的生活——浮现在我眼前，我脑海里闪现出了以前做过的许多错事：我曾经为一些毫无根据的小事而担心。我曾是一个银行职员，曾经为工作时间太长、薪水太少、没有升迁机会而发愁。我曾经因为我没有办法买房子、没钱买部新车、没钱给我太太买漂亮的衣服而忧虑。我非常讨厌爱找我麻烦的老板。我还记得，每晚回到家的时候，我总是感到又累又难过，常常跟我的太太为一些鸡毛蒜皮的小事吵架。我甚至为我额头上因车祸留下的伤疤而陷入极度的忧虑。几年前，那些让人发愁的事在我看起来都是大事，但是同这生死攸关的 15 个小时比起来，这些事情又是那么的微不足道。"

"就在那时候，我答应自己，如果我还有机会再看一眼太阳和星星的话，我永远不会再忧虑了，永远不会！永远也不会！在潜水艇里面那 15 个可怕的小时里，我领悟到的，比我在大学念了四年书所学到的东西要多得何止上千倍！"

哈伯德上将在环境恶劣的极地发现一个现象：他的手下能够毫不埋怨地面对危险而艰苦的工作，有些人却在为一些琐事而整天计较。哈伯德上将说："我知道有好几个同室的人彼此不讲话，因为怀疑对方把东西乱放，占了他们自己的地方。我还知道，队上有一个讲究所谓空腹进食、细嚼慢咽的家伙，每口食物一定要嚼过 28 次才吞下去。而另外有一个人，一定要在大厅里找到一个看不见这家伙的位子坐着，才能吃得下饭。"

"在南极的营地里，"哈伯德上将说，"像这类的小事情，都可能把最富有训练经验的人逼疯。"

当然，哈伯德上将在这里还可以加上一句话："小事"如果发生在夫妻的家庭生活中，搞不好也会把人逼疯。

芝加哥的约瑟夫法官在裁判过四万多件不愉快的婚姻案件之后，说道：婚姻生活之所以不美满，通常都是因为一些鸡毛蒜皮的小事情而造成的。

罗斯福和他夫人刚结婚不久，她的夫人天天都在烦闷，因为她的新厨师做饭很差。"假如事情发生在现在，"罗斯福夫人说，"我就会耸耸肩膀把这事给忘了。"好极了，这才是一个成年人的做法。就连凯瑟琳这个最专制的女皇，在厨师不小心把肉烤焦的时候，通常也只是一笑置之。

伦琴曾到芝加哥一个朋友家里吃饭。配餐的时候，他有些小事情没有做对。大家当时没有注意到，就算注意到，也不会在乎的。可是他太太看见了，马上当着众人的面跳起来指责他。"伦琴，"她大声叫道，"看看你做了什么！难道你就永远也学不会如何配餐吗？"

然后她对众人说："他老是犯错，根本不专心。"可能伦琴确实如此，但是他的朋友仍然佩服他能够跟他太太相处二十年之久。其实，许多丈夫情愿只吃一两个抹上芥末的热狗——只要能吃得很舒服——而不愿一面听妻子唠叨，一面吃烤鸭和鱼翅。

大家都知道在法律上的一条格言："法律不会去管那些小事情。"一个人总不该为一些小事斤斤计较、忧心忡忡，如果他希望求得心理上的平静、快乐的话。

很多时候，要想克服由一些小事情所引起的困扰，只需将你的注意力的重点转移开来，给自己设定一个新的、能使你开心一点的看问题的角度与方法，就可以了。

荷马是个作家，写过几本专著。他为我们举了一个如何克服小

怕，就会输一辈子

事惹来的烦恼的好例子。

他原来在纽约一家公寓里创作自己的文学作品时，常被公寓热水器的响声吵得几乎要发疯。蒸汽有时突然会砰然作响，然后又是一阵刺耳的声音，而他会坐在书桌前气得直叫。

有一次，他同几个朋友一起出去野营。听到木柴烧得很响时，他突然想到：这些声音多么像热水器的响声，为什么我会喜欢这个声音，而讨厌那个声音呢？他回到家以后，对自己说："火堆里木头的爆裂声，是一种很好听的声音，热水器的声音也差不多。我该埋头大睡，不去理会这些噪声。"结果，他果然做到了。"头几天我还会注意热水器的声音，可是不久我就把它们整个给忘了。"他说道。

其他很多的小忧虑又何尝不是如此。我们由于讨厌它们，而把自己搞得心力交瘁，多是因为我们过分强调了那些小事对自己的重要性。

狄斯雷利说过："生命太短促了，哪容得我们再去顾及一些小事。"

可是，就像基朴林这样有名的人，有时候也会忘了"生命是如此短促，不能再顾及小事"。其结果呢？他和他的妻弟打了一场佛蒙特有史以来最有名的一场官司。这场官司打得有声有色，后来被写成一本书记载下来。故事是这样的：

基朴林和他的妻弟莱斯蒂尔是好朋友，他们一起工作，一起娱乐。一次，基朴林从莱斯蒂尔手里买了一些地，协议中说莱斯蒂尔每一季都可以在那块地上割草。有一天，莱斯蒂尔发现基朴林在那片草地上建了一个花园。他生起气来，暴跳如雷，基朴林也反唇相讥，佛蒙特被他们闹了个天昏地暗。

数天之后，基朴林骑着他的脚踏车出去玩的时候，他的妻弟突然驾着一部马车从路的那边转了过来，逼得基朴林从车上摔了下来。基朴林，这位曾经写过"众人皆醉，你应独醒"的人却也昏了头，把莱斯蒂尔告到法院，使莱斯蒂尔被抓了起来。接下来是一场很热闹的官司，大城市里的记者都挤到这个小镇上来，新闻传遍了全世界。最后，这一切使得基朴林和他的妻子永远离开了他们在美国的家。要知道，这一变故的原因，只不过为了一件很小的事。

由此可见，要想保持平安快乐，就不要让自己因为一些应该抛开和忘记的小事来烦心。生命如此短促，何必要为小事烦恼？

即使遍体鳞伤，也不能失去方向

美国儿童文学女作家、著名小说家露意莎·梅·奥尔科特曾比喻说："在那远处的阳光中有我至高的期望。我也许不能达到它们，但是我可以仰望并见到它们的美丽，相信它们，并设法追随它们的引领。"

一句英国谚语说得好："对一艘盲目航行的船来说，任何方向的风都是逆风。"

目标是我们行动的依据，没有目标，便无法成长。不管是生涯规划还是生活，目标的设定都是最基本的要求。要是没有目标，你永远不晓得自己该往何处去。这就好比是物理实验中自由运动的粒子一样，如果不能在随机碰撞中巧遇到其他粒子，就只能一直不断地运动下去，自然起不了什么变化。生活要是没有了目标，就只能一成不变地吃、喝、睡，没有什么变化可言。我们常说这种人如同行尸走肉，原因无他，生活没有努力的目标，自然就失去了方向。

说得更直白一点，没有目标也就像你花了一堆时间在规划婚礼，却从没打算结婚一样，你所做的一切到头来都是一场空。还有些人更糟糕，老是误将短期的计划当作目标规划。比方说，老在计划着假期要到什么地方去玩，但却不为生活做点实际的规划。对这种人而言，生活只是经由假期来做一个片段一个片段的切割，和过一天算一天的人也差不了多少，是一种不晓得目标为何物的生活方式。

这世上有形无形的武器何其多，目标就是多数几个力量非常强大的。它可以让你将自己放在生命的方向盘，给生活多点控制。

用开车来做比喻。当你进了车子，发动引擎，却不去动方向盘，怎么可能到得了目的地呢？你猛踩油门却不碰方向盘，车子当然还是会走，它也会带你到某个地方去，但却不一定会到达你想去的地方。因为，几乎可以肯定的是，要不了几秒钟，你就撞车了。

在《爱丽丝梦游仙境》一书中，当爱丽丝来到一个通往各条不同方向的路口时，她向小猫请教。

"小猫咪……能否请你告诉我，我应该走哪一条路？"

"那要看你想到哪儿去。"小猫咪回答。

"到哪儿去，我都无所谓——"爱丽丝说。

"那么，你走哪一条路，也都无所谓了。"小猫咪回答。

小猫咪说的可真是实话，如果我们不知道要前往何处，那么，任何道路都可以带我们到达不同目的地，只不过未必是你要的目标而已。

有了目标，内心的力量才会找到方向。茫无目标的漂荡终归会迷路，而你心中那一座无价的金矿，也因不开采而与平凡人无异。

我国明代哲学家王阳明曾坚定地说："志不立，则天下无可成之事，虽百工技艺，未有不本于志者；志不文如无舵之舟，无衔之马，漂荡奔逸，无所底止。"

没有目标的人或目标不断飘移的人生，亦如无舵之舟、无衔之马，在茫茫的人海中，漂荡奔逸，随波逐流，就像哲学家所插的秧苗一样，终将一无所成。

美国著名的石油大亨亨特，曾经在阿肯色州种棉花，结果一败涂地，后来却变成世界上最有钱的人之一。有人问他成功的秘诀是什么，他说："想成功只需两件事：第一，看清楚你要的是什么，而大多数人从来不知道要这么做。第二，要有必须为成功付出代价的决心，然后想办法付这个代价。”

当你提出你的目标，并计划着如何实现它的时候，可以把每一个具体的目标看作一条小溪，它们将会流向大河，也就是中期目标，并最终归于大海，也就是你的总目标。这些小小的溪流最终是流入大海，还是在中途枯竭，这完全取决于你的坚持。

亨利·福特曾说：“所谓的障碍，就是你把眼光从目标移开时所见的丑恶东西。”

不管遇到多少麻烦，绝不要轻易放弃你的目标，要把阻挡在路上的绊脚石当作铺路石，继续向你的目标迈进。记住那句老话：“滴水穿心。”

目标是工具，它赋予我们把握自己命运的方法；目标是方向，它把我们引向充满机会和希望之途。若能依循梦想的方向，满怀信心地前进，并竭力去过自己所憧憬的生活，便能获得出乎意料之外的成功……你若在空中造了楼阁，你的努力便不会迷失；楼阁原该在那里，现在只需在它们下面打基础。

怕，就会输一辈子

Part 8

善解人意，别害怕拒绝

不懂拒绝，其实是得了一种叫『不好意思』的病。过度友善的人，不忍或害怕拒绝别人，他们总是怀抱善意，宁可牺牲自己的时间、精力，也不想让别人失望。然而，害怕拒绝，害怕让别人失望，也是一种自卑。一个完全不懂拒绝的人，也不可能赢得真正的尊重。不懂拒绝的人，应该早日学会狠下心肠。

怎样说"不"也是一门学问

对于许多人来说，拒绝别人是一件很难办的事。当别人向他们提出要求时，他们不好意思张口说"不"，因为这样很可能会伤害对方的感情，造成两个人的关系疏远。但是有时如果答应别人的要求自己又确实有难处，或者自己会丧失许多东西。许多人在面对这种矛盾时都十分苦恼，不知该怎样办？

其实，在自己确有难处，或者如果答应别人的要求，自己的利益会损失很大的情况下，我们就应该拒绝别人。但是拒绝别人也要考虑对方的情感，尽量做到不伤害双方的感情。怎样说"不"也是一门学问。

我们在拒绝别人时应该注意不使他们的面子受损。如果既拒绝了别人的要求，又让他们丢了面子，那么他们心中产生不满之情是在所难免的。可是如果在拒绝别人要求时，不让对方丢面子，使别人非常体面地接受拒绝，结果可能会大不相同。

三国时期，华歆在孙权手下时，名声很大，曹操知道后，便请皇帝下诏招华歆进京。华歆起程的时候，亲朋好友千余人前来相送，赠送了他几百两黄金和礼物。华歆不想接受这些礼物，但他想如果当面谢绝肯定会使朋友们扫兴，伤害朋友之间的感情。于是他便暂时来者不拒，将礼物统统收下来，并在所收的礼物上偷偷记下送礼人的名字，以备原物奉还。

华歆设宴款待众多朋友，酒宴即将结束的时候，华歆站起来对朋友们说："我本来不想拒绝各位的好意，却没想收到这么多的礼物。但是，匹夫无罪，怀璧其罪。想我单车远行，有这么多贵重之物在身，诸位想想我是否有点太危险了呢？"

朋友们听出了华歆的意思，知道他不想收受礼物，又不好明说，使大家都没面子。他们内心里对华歆油然而生一种敬意，便各自取回了自己的东西。

假使华歆当面谢绝朋友们的馈赠，试想千余人，不知道要推却到什么时候，也不知要费多少口舌，搞得大家都很扫兴，使大家都非常尴尬。而华歆却只说了几句话便退还了众人的礼物，又没有伤害大家的感情，还赢得了众人的叹服，真可谓一箭三雕。华歆为什么能够成功地谢绝馈赠呢？这主要是因为华歆注意保全朋友们的面子。他在拒绝朋友时，没有坦言相告，而是找了一个关于自己人身不安全的理由，虽然朋友们都知道他是在故意推辞，但不会以此为意。因为华歆委婉地拒绝并没有让他们丢面子，也没有令他们跌份。

"不"字谁都会说，但怎样说才能既不伤害对方，又不使自己为难，却不是每个人都能做得到的。王丽是个善良、腼腆的女孩，同事们都喜欢她，有事也愿意找她帮忙。有人给王丽介绍了个男朋友，约好星期天在公园见面。星期六晚上，正当王丽为明天穿什么衣服赴约而伤脑筋时，同宿舍的小林要王丽明天陪她上街采购新房用品，这可叫王丽为难了。明天的公园会面对王丽来说无疑是十分重要的，可小林是她很要好的朋友，朋友布置新房理应出点力。但如果拒绝了小林的事，她会不会生自己的气呢？

生活中，我们每个人都会遇到王丽这样的难题。对于别人的请求，出于理智的考虑本应拒绝，可"不"字又难出口，有的人拒绝方式生硬，结果使多年的朋友彼此疏远了；有的人明明没法办到也不忍拒绝别人，勉为其难，无形中增加了自己的压力和心理负担，费了半天劲，事情也没办成。真是费力不讨好，还在无形中损害了自己的声誉和形象。可见，拒绝他人实在是人际交往中不容忽视的一个内容。这里告诉你一些巧妙而委婉的拒绝方式，帮助你摆脱困境。

（1）以非个人的原因作借口。拒绝他人，最困难的就是在不便说出真实的原因时又找不到可信而合理的借口，那么，不妨在别的人身上动脑筋，比如借口你的家人方面的原因。一位生活惬意的家庭主妇自称她的生活之所以能如此安宁，就是因为她能巧妙地拒绝。当一个推销员敲她家门时，她的态度礼貌而坚定："我丈夫不让我在家门前买任何东西。"你瞧，我不买你的商品，不是因为我不愿意掏腰包，而是因为我那个有点古怪的丈夫。这样一来，推销员既不会因为没买他的商品而怨恨你，同时也感到再说下去也是白费口舌，只好作罢。

（2）明确表示你很愿意满足对方的要求。当有人请求你的帮助时，在力所能及的范围内，应该尽量给予帮助。但碰上实在无能为力的事，你无法给予对方帮助时，也不要急于把"不"字说出口。不要使对方感到你丝毫没有帮助他解决困难的诚意，否则，你在别人眼中会是一个自私而缺乏同情心的人。自由保险公司的蒂姆·盖门是专门处理客户赔偿要求事务的，他的工作决定了他要经常拒绝客户的要求。然而，他总是对客户的要求表示同情，并解释说，从道义上讲他同意对方的要求，可自己实在是心有余而力不足。由于拒绝得法，蒂姆的工作干得很出色。同样，当别人有求于你而你又无能为力时，先不忙拒绝他，而是要耐心地倾听他的陈述，对他所处的困境表示同情，甚至可以给他提些建议，最后告诉他，你实在无法帮他。对方绝不会因此而生气，反而会被你的诚意感动。

（3）通过诱使对方否定自己的提议来达到拒绝的目的。当别人向你提出不合理的要求时，不要简单地拒绝他，而应该让他明白他的要求是多么地荒唐，从而自愿放弃它。一位业绩卓著的室内装饰专家声称，对于用户不合实际的设想，他从不直截了当地说"不行"，而是竭力引导他们同意他希望他们做的事情。一位妇女想要用一种不合适的花布料做窗帘。这位装饰专家提议道："我们来看看你希望窗帘布置达到什么效果。"接着，他大谈什么样的布料做窗帘才能与现代装饰达到最好的和谐。很快，那位妇女便把自己的花布料忘了。

怕，就会输一辈子

（4）在拒绝对方的同时，说明对方为得到其所求还应做些什么。这一点对担任领导职务的人尤其重要。比如你的属下向你提出的要求得不到你的满意答复，你不妨告诉下属努力的方向，使他始终看到希望。与此相比，你的拒绝就显得微不足道了。这样既不会挫伤他的自尊心，也不会伤害你与下属之间的感情。《成功的人际关系》一书的作者，美国的威廉·雷利博士在谈及怎样处理下属希望晋职而他本身的条件又不够的情况时，曾建议企业主管这样说："是的，乔治，我理解你希望得到提升的心情。可是，要得到提升，你必须先使自己变得对公司更重要。现在，我们来看看对此你还要干点什么……"

（5）用最委婉、和气的方式来表达你的不同意见。一位热情奔放的老妇人决定与年轻的女邻居交朋友，她发出邀请："欣迪，你明天上午到我家来玩，好吗？"欣迪脸上露出温和、宽厚的笑容说："不行啊！"她的拒绝既友好又温情，但态度又是那么坚决，而老妇人只好作罢。所以，当别人的请求你无法满足，而又不能或无须找任何借口时，就用最委婉、最友善、最真诚的语言拒绝他，不留任何回旋的余地。你会发现，学会说"不"，会使你的生活更轻松、更成功。

对于不合理的请求，如何拒绝

所谓不合理请求，就是对于请求者所请求的事情，自己无法接受。因而对于不合理的请求，理所当然应该拒绝，但为了不伤和气，就要掌握一些拒绝他人不合理请求的谈吐艺术。

1. 物理法

所谓物理法，就是以"物理条件无法更改"作为挡箭牌，来拒绝对方的要求。一般作为物理理由的是空间和时间的界限，因为这两者都具有难以为人所左右的特性，所以，当你以物理界限为由拒绝时，请求者是束手无策的。

有个衣冠不整的人来到某个大饭店投宿，柜台人员打量他的穿着后，如果说："本店不收留可疑人物。"这很可能会引发一场纠纷。但如果说："真抱歉，房间都已客满，欢迎下次光临。"就不会遇到什么麻烦了。

2. 模糊法

所谓模糊法，就是用模糊语言来拒绝他人的请求，这种方法看似对请求者有了交代，但实质上信息为零，效果也为零。

1945 年，美国在日本投下了两颗原子弹后，美国新闻界谈论的突出话题就是猜测苏联有没有原子弹，以及有多少原子弹。因此，当苏联外长莫洛托夫率代表团访问美国时，在下榻的宾馆，便被记者们团团围住了。有记者问莫洛托夫："苏联有多少原子弹？""足够！"莫洛托夫绷着脸仅用了一个英语单词回答。莫洛托夫回答的"足够"，就是模糊语言。它从表面上看，是回答了记者的请求，但实际上，记者们并没有得到真正的信息。莫洛托夫的拒绝可谓一箭双雕：既回避了有多少颗原子弹这个当时不便公开的秘密，又表示了苏联人民的自尊和力量。

3. 推诿法

所谓推诿法，就是以别人的身份表示拒绝。这种方法看似推卸责任，却很容易被人理解：既然爱莫能助，也就不便勉强。

有个女孩子是个集邮爱好者，她的几个好朋友也是集邮迷。一天，有个小朋友向她提出要换邮票。她不同意换，但又怕小朋友不高兴，便对小朋友说："我也非常喜欢你的邮票，但我妈不同意我换。"其实她妈妈从没干涉过她换邮票的事，她只不过是以此为借口，但小朋友听她这样一说，也就作罢了。

4. 搪塞法

搪塞法，顾名思义，就是用一些没有多少价值的东西去敷衍塞责。

所以，大胆地说出"不"字，是相当重要却又不太容易的课题。有人喜欢你直截了当地告诉他拒绝的理由；有人则需要以含蓄委婉的方法拒绝，各有不同。

以下是几种如何说"不"的建议：

直接分析法：直接向对方陈述拒绝对方的客观理由，包括自己的状况不允许、社会条件限制等。通常这些状况是对方也能认同的，因此较能理解你的苦衷，自然会自动放弃说服你，并觉得你拒绝得不无道理。

巧妙转移法：不好正面拒绝时，只好采取迂回的战术。转移话题也好，另有理由也可以，主要是善于利用语气的转折—温和而坚持—绝不会答应，但也不致撕破脸。比如，先向对方表示同情，或给予赞美，然后再提出理由，加以拒绝。由于先前对方在心理上已因为你的同情使两人的距离拉近，所以对于你的拒绝也较能以"可以体会"的态度来接受。

不用开口法：有时开口拒绝对方也不是件容易的事，往往在心中演练N次该怎么说，一旦面对对方又下不了决心，总是无法启齿。这个时候，肢体语言就派上用场了。一般而言，摇头代表否定，别人一看你摇头，就会明白你的意思，之后你就不用再多说了，面对推销员时，这是最好的方法。另外，微笑中断也是一种掩体的暗示。当面对笑容的谈话，突然中断笑容，便暗示着无法认同和拒绝。类似的肢体语言包括，采取身体倾斜的姿势，目光游移不定、频频看表，心不在焉……但切忌伤害对方自尊心。

一拖再拖法：如果已经承诺的事，还一拖再拖是不明智的。这里的一拖再拖法指的是暂不给予答复，也就是说，当对方提出要求时你迟迟没有答应，只是一再表示要研究研究或考虑考虑，那么聪明的对方马上就能了解你是不太愿意答应的。其实，有能力帮助他人不是一件坏事，当别人拜托你为他分担事情的时候，表示他对你的信任，只是自己由于某些理由无法相助罢了。但无论如何，仍要以谦虚的态度面对，别急着拒绝对方，仔细听完对方的要求后，如果真的没法帮忙，也别忘了说声"非常抱歉"

总之，人在社会中、生活中，总会要拒绝某些人或事，所以，就要学会拒绝的技巧。聪明的你，看过上述方法，一定有所收获吧。

不能伤和气，拒绝别人要委婉

明确直言的拒绝，有时会让自己感到过意不去，也令对方感到尴尬。这就需要采用一些巧妙委婉的拒绝方式，既表达了自己的愿望，又将对方失望与不快的情绪控制在最小范围内，不影响彼此之间的人际关系。

委婉拒绝需要讲究艺术，那么委婉拒绝都有哪些技巧呢？

1. 暗示拒绝

通过身体姿态或非直接的语言把自己拒绝的意图传递给对方。当想拒绝对方继续交谈时，可以借助于转动脖子、用手帕拭眼睛、按太阳穴以及按眉毛下部等漫不经心的小动作。这些动作释放着一种信号：我较为疲劳、身体不适，希望早一点停止谈话。显然，这是一种暗示拒绝的方法。此外，微笑的中断、较长时间的沉默、目光旁视等也可表示对谈话不感兴趣、内心为难等心理。也可以是语言暗示，如："找我有什么事吗？我正打算出去。"还要给你添点茶吗？"从而间接表达拒绝的愿望。

2. 转换话题

对方提出某项事情的请求，你却有意识地回避，把话题引到其他事情。这样，既不使对方感到难堪，又可逐步减弱对方的祈求心

怕，就会输一辈子

174

理，达到委婉谢绝的目的。

在日本有这样一个故事，很能给人启发：

一位名叫宫本的青年去拜访山田先生，想将一块地产卖给他。

山田听完宫本的陈述后，并没有做出"买"或者"不买"的直接回答，而是在桌子上拿起一些类似纤维的东西给宫本看，并说："你知道这是什么东西吗？"

"不知道。"宫本回答。

"这是一种新发现的材料，我想用它来做一种汽车的外壳。"山田详详细细地向宫本讲述了一遍。山田先生讲了十五分钟之多，谈论了这种新型汽车制造材料的来历和好处，又诚恳地讲了他明年的汽车生产计划。山田谈的这些内容宫本一点也听不懂，也摸不着头脑，但山田的情绪感染了宫本，他感到十分愉快。在山田送宫本时顺便说了一句：不想买那块地。

山田的高明之处在于他没有一开始就回拒宫本。如果那样，宫本就一定会滔滔不绝地劝说他买那块地。而山田采取了回避的态度，把话题引到其他地方，没有给他劝说的时间，在结束谈话时拒绝，不失为高明之法。

3. 先肯定后否定

对对方的请求不是一开口就说"不行"，而是表示理解、同情，然后再据实陈述无法接受的理由，获得对方的理解，自动放弃请求。

赵亮和张谦是大学同学，赵亮这几年做生意虽说挣了些钱，但也有不少的外债。两人毕业后一直无来往，忽一日赵亮向张谦提出借钱的请求，张谦很犯难：借吧，怕担风险；不借吧，同学一回，又不好张口。思忖再三，最后张谦说："你在困难时找到我，是信任我，瞧得起我，但不巧的是我刚刚买了房子，手头一时没有积蓄，你先等几天，等我过几天账结回来，一定借给你。"

4. 引荐别人，转移目标

实事求是地讲清自己的困难，同时热心介绍能提供帮助的人。

这样，对方不仅不会因为你的拒绝而失望、生气，反而会对你的关心、帮助表示感谢。

马老师是五年级一班的班主任，她的独生子今年又中考，负担挺重，恰巧班上新转来一名学生，课程落下一段，学生家长很信任马老师，想请马老师为孩子补补课。马老师腾不出身，很不好意思。她对家长说"真对不起，我实在有点腾不出身来，这样吧，我有个小侄女刚毕业分到某小学工作，让她帮助给孩子补课可以吗？"家长听了非常高兴。

5. 缓兵之计

对方提出请求后，不必当场拒绝，可以采取拖延的办法。你可以说："让我再考虑一下，明天答复你。"这样，既使你赢得了考虑如何答复的时间，又使对方认为你是很认真地对待这个请求。

刘源一心想当一名记者，于是想从学校调到某报社工作，她找到了她小学老师的丈夫——某报社孙总编，孙总编知道报社现在严重超编，但又不好直接拒绝，于是对刘源说："刚刚超编进来一批毕业生，短期内社里不会研究进人的问题了，过一段时间再说吧。"孙总编没说这事绝对不行，而是以条件不利为理由，虽然没有拒绝，但为后来的拒绝埋下了伏笔。

在工作中学会说"No"

上班族在工作中总要面对同事、客户与主管的许多要求。有时碍于公司规定或是工作负荷，必须拒绝。但在生活中，没有人喜欢被拒绝。因此拒绝时先不要急切、直接地表达自己的立场与处境。否则，轻则影响往后的合作与相处，重则让人觉得你不够大方。降低拒绝产生的负面效应，需要技巧。

面对同事和客户时，我们应该这样做：

1. 先倾听，再说"不"

当你的同僚或客户向你提出要求时，他们心中通常也会有某些困扰或担忧。拒绝之前先要倾听。倾听有好几个意义，倾听能让对方先有被尊重的感觉，在你委婉地表明自己拒绝的立场时，也比较能避免伤害他的感觉，否则让人觉得你在应付。

比较好的做法是，请对方把处境与需要讲得更清楚一些，自己才知道如何帮他。接着表示你了解他的难处，若是你易地而处，也一定会如此。如果你的拒绝是因为工作负荷过重，倾听可以让你清楚地界定，对方的要求是不是你分内的工作，或者是不是包含在自己目前重点工作范围内。

2. 委婉表达拒绝

倾听的另一个好处是，你虽然拒绝他，却可以针对他的情况，建议如何取得适当的支援。若是能提出有效的建议或替代方案，对方一样会感激你。如果在你的指引下找到更适当的支援，反而事半功倍。

当你开始说"不"的时候，态度必须是温和而坚定的。好比同样是药丸，外面裹上糖衣的药，就比较让人容易入口。

同样地，委婉表达拒绝，也比直接说"不"让人容易接受。

当对方的要求不合公司或部门规定时，就委婉地表达自己的权限，让他清楚自己工作的职责，以及耽误工作会对公司与自己产生怎样的冲击。

对方若是因为你的拒绝，表现出愤怒态度或威胁时，你不需要立刻回应，而要多用同情心来缓和他的不满。

3. 多一些关怀与弹性

有时候拒绝是一个漫长的过程，对方会不定时提出同样的要求。若能化被动为主动地关怀对方，并让对方了解自己的苦衷与立场，则可以减少拒绝的尴尬与影响。当双方的情况都改善了，就有可能满足对方的要求。例如，保险业工作者面对顾客要求，自己却无法配合时，这种主动的技巧更显重要。

上述的拒绝过程中，除了技巧，更需要发自内心的耐性与关怀。若只是敷衍了事，对方其实都看得到。这样子有时更让人觉得你不是个诚恳的人，对人际关系伤害更大。

常常会遇到这样的情况：老板叫你干一件事，你马上应承下来，即使这件事不该你做，或超过了你的负荷。也许是慑于老板的压力，也许是出于其他的某种考虑，你往往不会去拒绝。

其实，在生活中，我们应该学会对老板说"No"。我们应该这样做：

1. 工作任务重，不胜负荷

当上司把大量工作交给你，使你不胜负荷时，你可以请求上司帮你定出先后次序："我有三个大型计划，十个小项目，我应先处理什么呢？"只要上司懂得体会你的意图，自然会把一些细枝末节的工作交给别人处理。

2. 对新任职务不感兴趣

当上司器重你并将你连升两级，但那职务并不是你想从事的工作时，你可以表示要考虑几天，然后慢慢解释你为何不适合这工作，再给他一个两全其美的解决方法："我很感激您的器重，但我正全心全意发展营销工作，我想为公司付出我的最佳潜能和技巧，集中建立顾客网络。"正面地讨论，可以使你被视为一个注重团体精神和有主见的人。

3. 因个人原因，未能应付额外工作

告诉上司你的实际情况，然后保证会尽力把正常的事务处理好，但超额的工作则不能应付了。上班时你要全力以赴，表现出极高的工作效率。假如你在家庭出现危机时仍能完成工作，上司会觉得你很敬业。

4. 对规定的工作期限有异议

当老板定下"疯狂"的工作期限时，你只需解说这项工作内容的繁重，并举例说明同样的工作量需要老板规定的限期的几倍，给老板一定的考虑和决断的时间后，再要求延期。假若限期真的铁定不改，那就请求聘请临时员工。上司可能欣赏你的坦率，你可能被认为既对完成计划有实际的考虑，又对工作有一种积极的态度；不少上司都表示会晋升那些可以准确估计完成工作时间的员工。当然倒霉的时候也有，那就是被视为低效率。不过这样的老板早晚也会让你失望的，因为他心中没数儿。

5. 不想按上司的意图做非法之事

当上司要求你做违法的事或违背良心的事时，平静地解释你对他的要求感到不安，你也可以坚定地对上司说："你可以解雇我，也可以放弃要求，因为我不能泄露这些资料。"如果你幸运，老板会自知理亏并知难而退；反之，你可能授人以柄。但假若你不能坚持自己的价值观，不能坚持一定的准则，那只会迷失自己，最终还是要影响工作的成绩，以致断送自己的前途。

学会拒绝，可减少心理上的压力

学会拒绝的艺术，既可减少心理上的紧张和压力，又可表现出自己人格的独特性，也不会使自己在人际交往中陷于被动，相信生活就会变得轻松、潇洒些。

你曾经被人拒绝过吗？当下的时候是觉得释然呢，还是难堪呢？一个好的主管，一个能干的人才，不轻易拒绝别人。即使拒绝，也要有替代，因为要懂得"拒绝的艺术"。

如何拒绝他人？在什么情况下可以拒绝别人？怎样做才能使自己不做违心的事，而又不影响友谊呢？拒绝的艺术，这的确是人际交往中的一个至关重要的问题。一般来说下列情况应考虑拒绝：

1. 违背自己做人的原则；

2. 不符合自己的兴趣爱好；

3. 违背自己的价值观念；

4. 可能陷入关系网；

5. 有损自己的人格；

6. 助长虚荣心；

7. 庸俗的交易；

8. 违法犯罪的行为。

习惯于中庸之道的中国人，在拒绝别人时很容易产生一些心理障碍，这是传统观念的影响，同时，也与当今社会某些从众心理有关。不善于拒绝别人的人，往往都戴"假面具"生活，这样不仅活得很累，而又丢失了自我，事后常常后悔不迭；但又因为难于摆脱这种"无力拒绝症"而自责、自卑。其实，学会拒绝的艺术并不困难，下面这些方法是常用的：

谢绝法：对不起，谢谢，这样做可能不合适。

婉拒法：哦，是这样，可是我还没有想好，考虑一下再说吧。

不卑不亢法：哦，我明白了，可是你最好找对这件事更感兴趣的人吧，好吗？

幽默法：啊！对不起，今天我还有事，只好当逃兵了。

无言法：运用摆手、摇头、耸肩、皱眉、转身等身体语言和否定的表情来表示自己拒绝的态度。

缓冲法：哦，我再和朋友商量一下，你也再想想，过几天再决定好吗？

回避法：今天咱们先不谈这个，还是说说你关心的另一件事吧……

严词拒绝法：这可不行，我已经想好了，你不用再费口舌了！

补偿法：真对不起，这件事我实在爱莫能助了，不过，我可帮你做另一件事！

借力法：你问问他，他可以做证，我从来干不了这种事！

自护法：你为我想想，我怎么能去做没把握的事？你让我出洋相啊。

当我们对别人有所要求，或者与人沟通的时候，如果对方都能爽快地承诺，我们必定心生欢喜；但如果对方一再刁难，这个不行，那个不好，我们一定会觉得此人顽固，不通人情，不好合作。

拒绝人情，拒绝因缘，主要是由于能力、慈悲、道德不够，能干的人绝不轻易拒绝。父母承诺儿女的要求，只要是善事、好事，何必拒绝呢？即使事出有因，不得不拒绝，也要解释得让儿女欢喜，让儿女了解，才能达到拒绝的效果。

拒绝要有代替，因为拒绝是很难堪的事！所以我们应该要学会拒绝的艺术。例如，不要立刻拒绝，不要轻易拒绝，不要生气拒绝，不要随便拒绝，不要无情拒绝，不要傲慢拒绝

如果真是不得不拒绝，也要注意维护对方的尊严。例如，语言要婉转、态度要和善，最好面带微笑，让对方了解你的真诚、你的善意。

此外，拒绝时，如果能够有另外的替代方案，例如，下属要求安装冷气，至少你可以给他一台电风扇；朋友希望你送她一盆玫瑰花，至少你可以送她一盆蔷薇。能够有替代、有出路、有帮助的拒绝，必能获得对方的谅解。

人与人之间，若能凡事多为他人着想，多给别人留一些余地、一些包容、一些方便，少一份拒绝，少一点难堪，必能赢得别人的爱护。反之，一个人如果总是轻易地拒绝一些因缘、机会，久而久之自然就会失去一切。因此，做人不要轻易地拒绝别人，而要能随顺因缘，如此必能拥有更多学习、成长的机会。

不轻易拒绝别人，肯给别人多一些因缘，自己也会获益颇丰！

面对推销员，拒绝如何说出口

然而，拒绝别人也是有讲究的。拒绝得法，对方便心甘情愿；如果拒绝不得法，会使人感到不满，甚至对你怀恨在心。

现在我们来研究一下拒绝的艺术。

一位朋友曾说过这样的事："近来有许多推销员登门入室兜售物品。这些人口齿伶俐，对你缠绕不休，一个个都有一套让你非买他东西不可的本事。我对这种人实在是应付不了。"

"你可以拒绝呀！"另一位朋友对他说。

"拒绝也不是一件容易的事啊！"他说，"那些推销员根本不把你的拒绝放在眼里，他们有一套激起你兴趣的方法，吸引你的注意，挑动你的购买欲望，使你最终买下他的东西。许多人因为不知道如何拒绝而买了他的东西。"

这位朋友的话也许过分夸张了一些。一般来说，如果被那些推销员干扰，你坚决说一个"不"字，他们是毫无办法的，这难道不是个简单的办法吗？

但事实和我们想象的总会有些不同。虽然你硬着头皮说"不"字，但有时竟会出现你意想不到的结果。有一次，一家保险公司的所谓"外勤员"到一位编辑的办公室来做生意，整整谈了一个上午，这位编辑始终用一个"不"字来拒绝，那位"外勤员"只好怏怏地退了出去。

几天之后，这位编辑的同事来告诉他，一个胖胖的青年人正在外面口口声声地破坏他的名声。这位编辑非常惊奇，因为无论是在工作中还是在工作之外他都没有仇人。直到同事说那个青年人的下巴上有颗痣，这才恍悟，原来是那天被他拒绝的那个"外勤员"。

所以说，拒绝人家不得方法，实在会带来很多的麻烦。例如，一个素行不良的朋友来向你借钱，你明知道把钱借给他就像肉包子打狗一样有去无回；一个相识的商人向你推销商品，你明知买下了就会亏本……诸如此类的事你必定会加以拒绝。可是拒绝之后，就有断绝交情、引人反感、被人误会，甚至埋下仇恨的祸根的可能。

要避免这种事情发生，唯一的方法就是要运用聪明的智慧。学习这种拒绝的方法要注意下列几项原则：

你应该向对方解释拒绝的理由；

拒绝的言辞最好用坚决果断的暗示，不可含糊不清；

不要把责任全推到对方身上；

注意不要伤害他的自尊心，否则定会迁怒于人；

让对方明白你的拒绝是万不得已，并表示抱歉。

有时为了拒绝别人，含糊其词地去推托："对不起，这件事情我实在不能决定，我必须去问问我的父母。"或者是："让我和孩子商量商量，决定了再答复你吧。"

但是，这种方法太不干脆了。有些人可能认为这是拒绝的好办法，既不伤害朋友的感情，又可以使朋友体谅你的难处。但这种敷衍的结果是：对方还会再三来缠扰你，当他终于发觉这是你的拒绝，以前的话全是敷衍、骗人的推托之词时，不但会使他怨恨你，而且也暴露了你致命的弱点：懦弱和虚伪。

如果换一种情况，你的上司或主管针对一项措施征求你的意见，你居于责任的缘故，必须表明你是反对还是赞成时，你又该怎么办呢？

让我们来举一个例子：

美国一家贸易公司的经理设计了一个商标，开会征求各部门的意见。

经理报告说："这个商标的主题是旭日，象征希望和光明。同时，这个旭日很像日本的国旗，日本人看了一定会购买我们的产品的。"

然后他征求各部门主任的意见。营业主任和广告主任都极力恭维经理构思高明。最后轮到代理出口部主任的青年职员发表意见，他说：

"我不同意这个商标。"全室的人都瞪大了眼睛看着他。

"怎么？你不喜欢这个设计？"经理吃惊地问他。

"我倒不是不喜欢这个商标。"青年人直率地回答。其实从艺术的观点来说，这位青年人的确是有点讨厌那个红圈圈，但他明白，和经理辩论审美观是得不到什么效果的，所以他只是说："我恐怕它太好了。"

经理笑了起来，说："这倒使我不懂了，你解释一下看看。"

"这个设计鲜明而生动，这是毫无疑问的，因为与日本的国旗相似，无论哪个日本人都会喜欢的。"

"是啊，我的意思正是如此，这我刚才已经说过了。"经理有些不耐烦地说。

"然而，我们在远东还有一个重要市场，那就是华人市场，包括中国、中国香港地区，以及东南亚国家。这些国家和地区的人看到这个商标，也会想到日本的国旗。尽管日本人喜欢这个商标，但是由于历史的原因，这些国家和地区的人们不一定会喜欢，甚至可能反感它。这就意味着，他们不愿意买我们的产品，这不是因小失大了吗？照本公司的营业计划，是要扩大对中国和东南亚国家及地区贸易的，但用这样一个商标，结果是可想而知的。"

"天哪！我怎么没有想到这一点，你的意见对极了！"经理几乎叫了起来。

这位青年如果也和其他人一样对经理唯唯从命，把旭日做成商标，将来产品销到远东之后，生意清淡，存货退回，那时即使意识到其原因是商标问题，也无可挽回了，况且那位代理出口部出席那次会议的青年能推卸责任吗？要向一位有权威的人表示反对意见或拒绝，你必须有充分的理由，更要说得他完全信服。因此，技巧的运用不能不讲究。你看上述例子中，那位青年一句"我恐怕它太

怕，就会输一辈子

好了"的恭维话，先满足了经理的自尊心，同时也不会使他产生不悦。然后，你再陈述充分的理由，经理也就不会因此而觉得难堪了。

所以说，拒绝也是有技巧的。

笑着拒绝，不需要理由

在人与人的交往中，每个人都有邀请他人和被他人邀请的时候。你有权利邀请他人，同样，你也有权利对他人的邀请说"不"但回绝他人时都会遇到一个难题，就是不想伤害别人的感情，但是却因为各种原因而不能接受他人的邀请，因此常常给自己带来许多烦恼。那么，要想摆脱这种烦恼，只有一种方法，就是在权衡利弊之后，果断地拒绝你本该拒绝的邀请。这就需要你掌握好拒绝的方法。

其实邀请也分为许多种，现主要介绍朋友的邀请和求爱的邀请。

面对朋友的邀请，应该怎样做呢？

1. 笑着拒绝，不需要理由

笑一笑，说："不必了，谢谢你。"既然不欠别人什么，只要待他有礼貌就可以了。你没必要说明理由，除非你愿意那样做。

2. 直言不喜欢某种活动

虽然你对这个人感兴趣，但是不喜欢他提议的活动，那就直接告诉他你喜欢什么，看他是不是也感兴趣。例如，张华与周强在一次座谈会上相识，双方颇有好感。周末，张华邀周强一起去听音乐会，可周强对听音乐会不太热衷，于是周强对张华说："今天的天气这么好，我们到郊外玩好不好，那里空气清新，比在音乐厅里听音乐舒服多了。"张华一听说："好啊，那我们就去郊外玩吧！"这样张华一点也没有被拒绝的感受。

3. 在感激中拒绝

你既不喜欢这个人，也不喜欢他提议的活动，但是，你却很感激他邀请你，那就把你的拒绝"夹杂"在对他的感谢当中。如果你找点别的事情来搪塞，别人很容易识破你。但你可以这样说："其实能和你一起聊天，我很高兴，虽然我正忙着要去洗热水浴。不过，我很感激你的邀请。"

4. 以某种行动拒绝

如果那人不理会你客气而又坚定的暗示，那就索性离去，找另一个人或另一群人。如果某人表现得很不得体，可是只要你一直站在那里和他说话，他就以为他可能会动摇你的决心。行动胜于言语，要相信你的早期预警系统。一旦感到不舒服，就尽快离开那个人，不要等出现了问题再动身。

5. 用推托表示拒绝

如果朋友邀你晚上看电影，而你不想同他交往，但这理由又不能告诉他。你可以对他说："这部电影是新影片，我也很想看，可是明天要上课，我还有不少作业要做，电影只好割爱了，真对不起。"用其他的事推掉不愿意做的事是最常见的方式。

当我们得到所期望的爱情时，内心会感到莫大的满足和幸福，但当求爱的人是自己不满意或不能当作恋人来喜爱的对象时，就会感到莫大的苦恼。苦恼的根源在于我们既想拒绝这一爱情表白，又怕伤了对方的心。尤其当对方与自己已有深厚友谊时，这苦恼就来得更为强烈。

然而，不管多么困难，不能接受的爱情总是要加以拒绝的。只是，要选择好方法和时间。

1. 说话态度要坚决

拒绝别人的求爱难免会给别人带来伤害，但不能因此而犹豫不决。既然是爱上你的人，肯定对你的言行都非常敏感。如果你拒绝的态度不够坚决，很容易就造成对方的误会，最后往往会带来比拒绝更大的伤害。

2. 尽力维护对方的自尊

为了减少拒绝给对方的心理带来的伤害,也使对方更易于接受,就必须设法维护对方的心理平衡, 尽量减少对方的内心挫折。具体来说, 就是你不妨先对对方的人品和才华等加以赞许, 然后说明你为什么不能接受求爱的理由。说出的理由要合乎情理,最好能从对方的角度提出有利的方面, 让对方觉得拒绝也是为了他（她）好。如果必须向旁人做出解释, 你不妨把消极原因归于自己, 避免给人留下一个"你拒绝了他"的印象。

3. 选择恰当的方式

应该考虑到你们平时的关系和对方的个性特点,选择或冷处理、或面谈、或书信等方式, 但建议不要采用托人转告的方式, 因为这样显得对对方不够尊重, 还可能带来不必要的麻烦。

4. 选择合适的时机

一般来说, 不要在对方刚表白了爱情时立即拒绝,因为这会令对方很难接受；但也不可拖延太久, 以免给对方造成误会。当然,具体选择什么时机, 要视具体情况而定。

恋爱中, 恋人的意见并不都接受且言听计从, 恋人的要求也并不能都满足, 如何使用否定和拒绝的艺术呢?

1. 寓否定于模糊语言

含糊其词在恋爱中意义非凡。女朋友穿一条裙子,自觉漂亮,在你面前得意地转了一圈后问你: "美吗? "你不仅不认为美, 还觉得有点难看, 于是你含糊其辞地回答: "还好! "只要对方是稍有灵气的女孩, 便能体会这句话的真正含义。

2. 寓否定于肯定

你的女友希望你给她买件像样的衣服, 于是暗示你: "瞧, 人家宁的衣服多漂亮, 是男友送的。"但你觉得本季节她的衣服已经够多了, 说"不", 女友会觉得你很小气, 怎么拒绝? 于是你就可以这么说："的确美，不过我赞赏苏格拉底的一句话'女性的纯正饰物是美德，不是服装'。"话的表面并未拒绝，但对方绝不会认为你是同意了，问题在不了了之中解决，谁也不会感到难为情。像这种恋人的要求，你不赞同也不接受，可你的拒绝中就不能有否定词，但对方能辨出弦外之音，彼此都不会觉得难堪。

3. 寓否定于感叹

你的生日，他送你一套衣服，你不喜欢，觉得艳了些。他问："喜欢吗？"你若直截了当地回答："不喜欢，花里花气的，像什么样！"精心挑选过的他此时一定会觉得很伤心。若答："要是素雅些就更好了，我比较喜欢浅色的。"这话的表面意思仿佛是，你买的也好，不过若素雅些就更好了。但表面肯定的背后是一句否定的意思，只不过说得委婉一些罢了。

4. 寓否定于商量口气

恋人希望你陪她参加朋友的一次聚会，可你觉得目前不便或不妥。于是你用商量的口气说："现在实在没时间，以后行吗？"显然，恋人此时的邀请于她特定的意义，若以后还有什么意思呢？可你找到这样的借口，她也实在不好勉强。

5. 寓否定于玩笑

通过开玩笑的方式来否定，既可以达到目的，又不至于使双方尴尬，是一种很好的否定技巧。譬如，你男朋友邀请你"上门"，你觉得时机尚未成熟，不可盲目造访，这时你可问："有什么好吃的吗？"你的男友会列出几样东西来。于是你可接着说："没好吃的，我不去。"这是巧妙的玩笑，不仅拒绝了对方的请求，还可避免回答"为什么不去"，真可谓一箭双雕。

有什么样的胸怀，就能成就什么样的事业

两千多年前，耶稣说过："尽快同意反对你的人。"在耶稣出生时，埃及阿克图国王给他儿子一些忠告："圆滑一些。如果要使别人同意你，请尊重别人的意见，切勿指出对方错了。"

如果用于团体，像辩论会似的，则应另当别论。比方说，由于最近发生的某个社会问题而引起争论，最后，虽然你用某某事件或理论来证明你的意见是正确的，通过争论达到了胜利的目的，而他也已哑口无言了。但你万万不可忽略了这一点，他不一定是从内心放弃他的思想来信奉你的主张。因为，他现在心里所感觉到的，已经不是谁对谁错的问题，而是他对于你驳倒他而怀恨在心，因为他的自尊心受到伤害了。

这样看来，你虽然得到了口边的胜利，但和那位朋友的友情，却从此一刀两断。比较之下，你会不会觉得，当初有欠考虑，仅仅为了口边的胜利，就得罪一个朋友，实在是不值得。如果那位朋友较小气，说不定他正在伺机报复呢！

有些人在和朋友翻脸后，明知大错已铸成，也故作不后悔状，还经常这样认为："这样的朋友不要也罢。"其实这样对你又有什么好处？而坏处却很快可以看见，因为和别人结上怨仇，你就少了一位倾吐心事的人。

这种现象我们应该尽一切可能去避免。

在争辩的过程中，我们应该清楚以下几个事项：

（1）这次争辩的意义。

如果是一些鸡毛蒜皮的小事情，我们还是避免争论为妙。

（2）这次争辩是基于理智还是感情上的？

如果是后者，则不必争论下去了。

（3）对方对自己是否有深刻的成见？

如果是的话，岂不是雪上加霜？

（4）自己在这次争论当中究竟可以得到什么？究竟可以证明什么？

现在让我们姑且认为这次争论是一次积极的争论，也就是说，它值得我们去争论。但是我们仍须注意，不要认为自己的观点才是世界上最正确的。只顾阐述自己的观点，而缺乏耐心去听取别人的意见，这样往往可以使善意的争论变成有针对性的争论。需要强调一下，这种现象是很危险、也很常见的。因为即使最善意的争论，也是由于双方的观点有分歧才产生的。所以，在一开始，双方就是站在对立的立场上，对于对方的论点辩驳，纯粹是一种对自己的维护，而不是以经过认真分析后的正确观点来进行辩论的。

这样，争论过程中难免有情绪激动，面红耳赤，甚至去翻对方的陈年老底的时候。所以，当双方都各执己见、观点无法统一的时候，应该把握自己，把不同的看法先搁起来，等到双方处于较冷静的状态时再辩明真伪。也许，等到你们平静的时候，说不定会相视大笑各自的失态呢。

而当你胜利的时候，也应该表现出大将风度，不应该计较刚才对方的态度。争辩是一件事，而交情又是一件事，切不可混为一谈。但当他向你认错的时候，万万不该再逼下去，以免对方恼羞成怒。

争论结束后，你应该顾及对方的面子，可以给对方一支烟或是一杯茶，抑或求他帮一点小忙，这样往往可以令他重返愉快的心理。

古语说得好："海纳百川，有容乃大。"对于一个成功人士来说，他的人格魅力来自他的胸怀，一个人有什么样的胸怀就能成就什么样的事业。反之，苛刻的指责非但不能解决问题，反而会使人际关系紧张，虽身在一个集体当中，却把自己变成孤家寡人。

怕，就会输一辈子

　　香港首富李嘉诚与员工相处得很好。据说，李先生从来没有直接辞退过员工。李嘉诚曾经讲过这样一件事，有一次，一位职工不小心把办公室里一匹非常珍贵的唐三彩马打碎了，李先生只是平静地提醒他，以后做事要小心。李先生说，马已经打碎了，他也已经在自责，为什么还要指责他呢？

　　生活中每个人都会遇到一些令人生气的事，这些事情虽不会置人于死地，但足以让人感到烦恼。生活中的许多冲突都是由各自的观点、看法不一致造成的，由于个人性格、办事作风不同，矛盾在所难免。比如某中学考完试以后，一个学生对他的好朋友说，他在考试时偷看了书中的答案。过了两天老师为这事把他找了去，他就认为肯定是那位朋友告的密，并扬言要报复。

　　所有这些矛盾很容易引发正面冲突。但正面冲突又解决不了问题，结果只会伤了和气。而且在争论中，很容易因激动而出言不逊，甚至大打出手，从而把事情闹大。在紧张的气氛中、在一触即发的时候，最好的办法是先一言不发地走开，给对方一个思考、冷静的机会，也可给自己留出考虑的时间。

Part 9

提升自己，让自己无可替代

生活在日新月异的今天，生活和工作的压力接踵而至。如何应付眼前的这些事情，就变得尤为重要。其实是什么事情不重要，重要的是处理事情的人。一个高明的人和一个愚蠢的人，处理同一件事情会有截然相反的结果。如果大家想把事情做好而不是一团糟，就要做一个高明的人，努力让自己无可替代。

正确认识你自己，切忌高估

　　要正确地认识自己，发现自己，切忌过高地估计自己。虽说"天生我材必有用"，但每个人的才能总是各有千秋，而且每一种才能也并非一定会对社会产生相应的效力。

　　某日，与一位大学的同窗相聚，谈论起毕业后求职谋生和闯荡社会的诸多感触。他突然提出一个问题："你了解自己吗？，我未假思索，顺口答道："荒唐，谁还不了解自己——"可话刚一出口，我便愕然，立刻领悟到简单的问话里蕴含着的无穷的奥妙。

　　不错，生活中确实有许多人不了解、不认识自己。他们对自己的认识，也不外乎姓甚名谁，贵庚几何。至于寻究到自己的能力怎样，什么职业什么事情最适合自己，为人处世能做到何许地步，在社会上处在怎样的一个"点"上，可能就很难准确地把握自己了。有些人就是因为不认识自己，没找准适合自己的最佳位置，而没有步入成功之门。

　　陕西的青年作家贾平凹曾深有感触地说过："要发现自己并不容易。我是花了整整三年时间啊！"

　　贾平凹的创作经历是这样的：最初，上大学时，在校刊上发表了一首顺口溜，于是努力写诗，两年之中写了上千首诗，但质量平平。接着，他写起古诗来，也不怎么样。后来，学写评论、散文、随笔，同样没有突出的成绩。当他的第一篇短篇小说发表之后，他这才意识到，这种文学形式最适合自己。于是他一发而不可收，写了大批短篇小说，在中国文坛上崭露头角。

　　贾平凹的经历说明，每一个人不见得都能认识自己的才能。"知己，如同"知彼"一样，亦非易事。正因为这样，每个人根据自身

怕，就会输一辈子

194

的特点，选择合适的成才目标，都要经过一番摸索、实践。人无全才，各有所长，亦有所短。所谓发现自己，就是充分认识自己所长，扬长避短，认准目标。

马克思曾经想当诗人，但当他发觉自己写诗不怎么样的时候，就转向社会科学研究了。

达尔文也曾对诗歌产生兴趣，年轻时每天上午背诵几十行诗。不过，他很快发现自己的"诗才"平庸，就转向生物学了。

艾青原名蒋海澄，50多年前本是国立西湖艺术院的学生，是学画画的。当他的第一首诗发表之后，他认识到自己的气质更适合于诗歌创作，从此努力写诗，终于成为诗人。

郁达夫祖上世代行医，他到日本留学，也是学医。当时，学医必须学德语。郁达夫懂得德语后，拜读了歌德、席勒、海涅的作品，也拿起笔来从事文学创作。当他意识到自己从文更为合适时，便毅然弃医学文，从此蜚声文坛。

这样的事例，可以举出许许多多。扬长避短，认准目标的重要性，是不言自明的。所以，一个人要在这个世界立足，关键还在于能否正确认识自己，发现自己。

以人为师，发掘自我潜力

耶稣曾经不止一次地对他的门徒说："我唯一知道的，就是我不知道什么。"

同样，在鼓励年轻人如何学习时，培根认为：任何一个强者都有一条诀窍，那就是"以人为师"，学习别人的优点，发掘自我的潜力，所有的强者几乎都没有傲慢的特性，他们仅比一般人更谦和谨慎。

大多数情况下，你也许没有培根聪明，因此你最好不要再指责人们有什么错，也不要将自己的观点强加给他人，因为你的观点也并非完全正确。如果你认为有些人的话不对，就算你确信他说错了你最好还是这样讲："啊，慢着，我有另一种想法，不知对不对。假如我错了的话，希望你们纠正我。让我们共同来看看这件事。"

无论在任何情况下，都千万别与顾客、配偶或敌人发生冲突。别指责他们的错误，别惹他们动怒，如果非得与人对立，也得运用一点技巧。所以，要尊重别人的意见，善于取人之长，补己之短。

法拉利公司销售主管保罗，有一次是这样处理顾客纠纷的，他是依利诺伊州的代理商。他在报告时说：汽车市场目前面临强大的竞争压力，在处理顾客投诉案件时，你如果显得冷漠无情，这就很容易引起他人的愤怒，甚至做不成生意，造成许多不快。他对公司的其他学员说："后来我想清楚了，这样确实无济于事，后来便改变了做事的方法。我转而向顾客这么说：'我们公司犯了不少错误，我实在深以为憾。请把你碰到的情况告诉我。'""这样显然消除了顾客的敌意。情绪一放松，顾客在处理事情的过程当中就容易讲道理了。许多顾客对我的谅解态度表示感谢，其中两个人后来甚至还带自己的朋友来买车。在竞争激烈的市场上，我们很需要这样的顾客。而我尊重顾客的意见，对待顾客周到有礼，这些都是赢得竞争的本钱。"显然，如果一个人过于直率地指出别人的错误，再好的意见也不会被人接受，甚至会受到很大的伤害。你剥夺了别人的自尊，让自己成为讨论中最不受欢迎的一部分。

心理学家罗素在他的书中写道：试着了解别人的想法，你会获益很大。也许你会觉得奇怪，真有必要去了解别人吗？我想是的。我们对许多"陈述"的第一个反应常常是"估量"或"评断"，而不是去"了解"。每当有人表达自己的感受、态度或是信念时，我们通常即刻做出的反应是："这是对的""这好蠢""这是不正常的""那毫无道理""那是错的""那个不好"……我们很少自己去了解陈述者话中的真正含义。有人曾问马丁·路德·金为何身为

怕，就会输一辈子

196

一个和平主义者，却倾向于白人空军将领丹尼尔·詹姆士，而非黑人高级官员。马丁·路德·金博士回答："我以别人的原则去判断他们，而非用我的原则。"同样的，库特将军曾经同南方联邦总统杰斐逊谈他麾下的一名军官，对其称赞有加。另一位军官很诧异，他问库特将军："难道你不知道那个人无时不在攻击你、诽谤你吗？"我知道。"库特将军回答，"不过总统是问我对他的看法，不是问他对我的看法。"

大多数人一辈子都不能完全了解自己的缺点，但是，我们总是能够尽力正视自己，找到自己的缺点，只有这样我们才能在通向成功的道路上不断进步。

活在当下，享受此刻

美国著名小说家亨利·詹姆斯在《大使们》一书中如此忠告："尽情地生活吧，否则，就是一个错误。你具体做什么都关系不大，关键是你要生活。假如没有生命，你还有什么呢？……失去的就永远失去了，这是毫无疑义的。……所谓适当的时刻就是人们仍然有幸得到的时刻……生活吧！"

时间并不能像金钱一样让我们随意贮存起来，以备不时之需。我们所能使用的只有被给予的那一瞬间，也就是今日和现在。假如我们不能充分利用今日而让时间白白虚度，那么它将一去不返。所谓"今日"，正是"昨日"计划中的"明日"，而这个宝贵的"今日"，不久将消失到遥远的彼方。对于我们每个人来说，得以生存的只有现在，毕竟过去早已消失，而未来尚未来临。昨天，是张作废的支票；明天，是尚未兑现的支票；只有今天，才是现金，是有流通性的价值之物。

克服惰性的方法之一是学会在现"时"中生活。请注意,这里使用的不是"现实"而是"现时"一词。它更加强调的是"现在"这一时间概念,而现实生活是你真正生活的关键所在。细想一下,除了"现在",我们永远不能生活在任何其他时刻,你所能把握的只有现在的时光,其实未来也只不过是一种即将到来的"现在",有一点可以肯定:在未来到来之前,你是无法生活于未来之中的。然而,我们的文化传统总是降低现时的重要性,我们常听人们如此言谈:

"为将来而积蓄";

"要考虑后果";

"不要过于注重享乐";

"想想今后";

"为退休做好准备";等等。

在我们的传统文化中,回避"现时"几乎成为一种流行性疾病。社会环境总是要求人们为将来牺牲现在。根据逻辑推理,采取这种态度就意味着不仅要避免目前的享受,而且要永远回避幸福——难道不是吗?将来那一时刻一旦到来,也就成为"现时",而我们到那时又必须利用那一现时为将来做准备。这样,幸福总是明日复明日,永远可望而不可即。

回避"现时"的表现形式多种多样。在我们的生活中,不难发现类似下面这几个例子的情形。

一天下午,萨娜决定到森林里走走,让自己沉浸于大自然之中,享受一下现在的时光。可是到了森林里,她好像失落了什么东西。她的思绪开始游荡不定,她又想起家里要做的各种事情:孩子们快要下班了,家里还要买菜,房间还没打扫,家里现在不知怎么样?她的思想不时地跳跃着,想着自己离开森林之后要做的种种家务。现在的时光就这样在回忆过去或思考未来之中流逝了。当然她不可能在美好的自然环境中享受一次难得的"现时"时光。

尼克太太好不容易得到了一个到海岛去度假的机会。于是她每天都到海边晒太阳，但她不是为了感受在那清新凉爽的海边被海风吹拂、阳光照射的乐趣，而是料想自己度假回家之后，当朋友们看到她那红里透黑的皮肤时会说些什么。她的思绪总是集中于将来的某一时刻，而当这一时刻到来时，她又惋惜自己不能感受在海滨晒太阳的享受了。

杰克是一位中学生，放学后父母叫他赶紧阅读课文。其实，杰克此时并不想学习，他心里惦着电视上的足球比赛，于是他只好强迫自己读下去。过了很久，他发现自己才读了三页，脑子也总是走神，而且也完全不知道自己在读些什么，他似乎是纯粹在参加一个阅读仪式。

在上面这几个例子中，这几个人都没有充分把握自己的"现时"时光，他们没有让自己在现时中得到很好的享受。"现时"，是一种难以捉摸而又与你形影不离的时光，如果你完全沉浸于其中，便可得到一种美好的享受。因此，你应该充分享受现时的每分每秒，而不必去考虑已过去的往日和自然到来的将来。抓住现在的时光，这是你能够有所作为的唯一时刻。不要忘记，希望、期望和惋惜都是回避"现时"的最为常见的方法。

回避"现时"往往导致对未来产生一种理想化。你可能会想象自己在今后生活中的某一时刻，会发生一个奇迹般的转变，你一下子变得事事如意，幸福无比，财富无限；或者期望自己在完成某一特别业绩——如大学毕业、结婚、有了孩子或职务晋升之后，你将重新获得一种新的生活。然而，当那一刻真正到来时，你却并没获得自己原先想象的幸福，甚至往往有些令人失望。未来永远没有你所想象的那么美好、如诗如画，它也只是一种切切实实的"现时"。为什么许多年轻人婚后不久就哀叹生活与婚姻的不幸，其中不乏一个原因——他们曾经将婚姻和未来幻想得过于幸福美满，而当这一切真正到来、当他们置身于现实生活之中时，他们不愿面对一些现实。

当然，如果生活中的某些方面并没有达到你原先的期望，你总可以通过对未来的再一次理想化而将自己从低沉的情绪中解脱出来。但千万不要让这种恶性循环成为你的一种固定生活模式，应立即采取一些现实生活的措施，打破这种恶性循环。

真心交几个好朋友

一个好的人际关系能时刻为你带来意想不到的希望，尤其在你需要帮助的时候。真心交几个好朋友，在别人面前也要留下好的印象，保持一个较好的人际关系。当你需要帮助时，你会发现，也许平时的一个微笑，一声问候，都会为你带来帮助。

试着走进他人。你不可能只为了搞好人际关系，就和别人称兄道弟，但你可能永远不知道这份友谊也许会为你开启一扇新的大门。

要记得说谢谢。对那些帮助你或试图想帮你的人，不仅立即要说谢谢，更要保持联络，让他们知道由于他们的引导或观念而造就你的进步，让他们知道自己施恩于人是件令人高兴的事，通过满足感来回报那些帮助你的人。

时刻表现你是个大方、积极乐观的人。当你站在紧闭的门前，你或许会发现，在你顺利时遇到的人，可能和失意时遇到的是同样一批人。那些在你顺利时受你帮忙的人，也会在你需要他们的时候挺身出来帮你。相反，如果你以消极、使人愤怒或被动的态度拒人于外，你就不能奢望在需要帮助的时候，他们会伸出援手，或为你引荐那些能帮你改善事业的人。你的做法和态度，正如你的能力一样，对你的良好表现非常重要。

施恩不图报。不要因为他曾帮过你才去帮忙，要想到他们正在谷底等待你的"救命稻草"当别人需要帮助的时候，用你独特的方式去帮助他们。

大度一些。以尖酸刻薄的话语将关系告终，不仅制造紧张的气氛，而且谁知道以后还会不会跟同一个人打交道呢？在商业上尤其如此。炒你鱿鱼的那个人也许是迫不得已，也许出于无奈。把愤怒发泄在这个人身上，只是徒增大家对彼此的憎恶感。运用你的判断，而非任性情绪，决定何时何地该发脾气。

先考虑好了，再向不熟悉的人求助。打电话给他们时，要准备邀请他们共进午餐，了解他们的生活近况。在某些特别的事情上面，提供你的援助，以报答他们花费的时间与所给予恩惠，同时也准备一些特别的想法，如介绍一些你认识的人或提点建议，以帮助他们的处境变得更好。同时，试着找找彼此可以互惠的门路。

选择可以说心里话的人。不要到处宣扬你对别人的负面评价，你永远不知道会不会传进当事人的耳朵。除非不说不痛快，否则尽量埋在心里。即使要说，最多也是跟配偶或推心置腹的朋友说。

选择活泼乐观的伙伴。苦难也许是人生一个可爱的伙伴，但并不是推动你向前的灵感动力。满腹牢骚常常是一种障碍，某些人所传达的宿命感与失望也同样如此，离这种人远一点；他们对生命的态度或许具有感染力。乐观的态度永远都是有益的，尤其是当你的目标已经非常确定的时候。你也许不觉得乐观，但无论如何试着表现出乐观的样子，你将会万分诧异你的恶劣情绪那么快就被赶走了。

多接触一些与自己事业有关的人，要让别人认识你。如果你是个大汽车制造商，突然间别人对你汽车的评价降低，影响到你汽车的销量，你也许得立即增加几百万广告预算，宣传你的汽车有多好多好。当然，如果是你个人，是不可能负担得起这样的费用的。但当你事业的一扇门即将关上时，最聪明的做法是走出去，周旋在同行之间，让他们知道你站得很稳，随时可以胜任工作。写信给适当的人、打电话给任何可以让你提供服务的人，不要龟缩在封闭的硬壳中。相反，要比以前更开放，更为人所见，不要羞于与同行为伍，因为说不定哪一天你会被公司解聘，或遭降级。

热诚的态度，是做任何事必需的条件

勤能补拙。要成功，勤奋是关键。只有无止境地追寻，才能到达成功的理想境界，领略无限风光。即使天生愚钝的人，只要真诚地投入到事业中去，笨鸟先飞，也能创造出人间奇迹。

著名数学家华罗庚在小学读书时，因为成绩不好，没能获得毕业证书。在初中一年级时，数学也是经过补考才及格的。他认识到自己天资较差，就加倍努力学习。在初中二年级时，就发生了明显的变化。他能够攀登数学高峰，主要是依靠勤奋努力。

梅兰芳在青年时代，曾拜一位老艺人为师，学唱京剧。老艺人教了他一些动作，特别是教他如何用眼神表达心理活动。可是梅兰芳怎么也学不会，眼球不听使唤，目光也缺乏生气。老艺人说梅兰芳长了一双"死鱼眼睛"，没有培养前途，拒绝收他为徒。梅兰芳并没有因此而气馁。他坚持苦练眼神，每天仰望蓝天，追逐鸽子的走向，又俯视水中的金鱼。经过长期锻炼，他的眼睛转动自如，如流星，似闪电。

德国有机化学家卡尔·波斯获得博士学位后，导师就告诫他说："你虽然得了博士学位，但缺少实践经验。你首先要抓紧实践，然后再作深一步的研究。"波斯虚心地听取了导师的劝告，离开实验室，去当木工、技师、化验员和工程师，熟悉各种工厂的设备和运输过程，为以后成为杰出的工业化学家打下了坚实的基础。然后他进入化工界，从20世纪初开始，寻找合成氨的理想催化剂。他组织了一百八十多名专家和一百多名助手，花了三年时间，做了两万次实验，终于获得了成功。又经过三年，催化剂正式投产，使合成氨成为化学工业中发展最快、最活跃的部门。1931年，波斯荣获

怕，就会输一辈子

诺贝尔化学奖。

法国有个叫卡尔·威特的人。孩提时，邻居们都在背后说他是个白痴。他父亲也伤心地说："上天为什么给了我这么一个傻孩子。"尽管如此，父亲还是耐心地教他学说话、认字，用大自然的动植物启迪他的智慧。结果，他9岁考入莱比锡大学，14岁发表数学论文，被授予博士学位，16岁被聘为柏林大学教授。

日本著名林学博士本多静六说："我年轻时，脑子很不好，以致连中学都没考上。希望破灭后，我企图跳海自杀，幸而被人救起。从此，我便发奋学习，并在大学两度荣获了银表奖。"

捷克大教育家夸美纽斯说："勤奋可以克服一切障碍。"只要勤奋努力，就能战胜遗传的缺陷，克服自身的弱点。天资聪敏者的优势，往往只在某个方面。而所谓素质差，也仅仅是指某个方面。只要进行反复训练，努力练习，就能消除这方面的差距，同样也可以有所作为。

美国哈佛大学一位心理学教授指出，一个人一生当中能否获得成功，智商的高低并不是决定性因素。许多事实已经证明，不少获得重大成就的人，智商其实并不高。他们的成功，主要靠后天的勤奋努力。爱因斯坦说："天才和勤奋之间，我毫不迟疑地选择勤奋，它几乎是世界上一切成就的催产婆。"这句话应当成为我们每个人的座右铭。

一个人如果想成功，必须把自己全部的生命热忱都投入进去。正是热忱，在科学、艺术和商业领域造就了无数的奇迹。对个人而言，成功与失败的分界线往往在于：有的人凭着热忱全身心地投入，而另一些人却不专心致志。

一切天才的作品，其中都会隐藏着一种和谐、神秘的气息，它让后世的读者在面对这些作品时，能够把他们带入作者创作这些作品时所处的那种情境。而之所以能够如此，正是凭借了创作者的热忱。

在商业界，同样如此。我们可以听听著名的人寿保险推销员法兰克·派特的经验之谈。"当时我刚转入职业棒球界不久，便遭到有生以来最大的打击，因为我被开除了。我的动作无力，因此球队的经理有意要我走人。

"本来我的月薪是 175 美元，离开之后，我参加了亚特兰斯克球队，月薪减为 25 美元。薪水这么少，我做事当然没有热忱，但我决心努力试一试。待了大约 10 天之后，一位名叫丁尼·密亨的老队员把我介绍到新凡去。在新凡的第一天，我的一生有了一个重要的转变。因为在那个地方没有人知道我过去的情形，我决心变成新英格兰最具热忱的球员。为了实现这点，必须采取行动才行。

"我一上场，就好像全身带电一样。我强力地投出高速球，使接球的人双手都麻木了。记得有一次，我以强烈的气势冲入三垒，那位三垒手吓呆了，球漏接，我就盗垒成功了。当时气温高达华氏100 度，我在球场奔来跑去，极有可能中暑而倒下去。第二天早晨，我读报的时候，兴奋得无以复加。报上说：'那位新加进来的派特，无疑是一个霹雳球员，全队的人受到他的影响，都充满了活力。他们不但赢了，而且是本季最精彩的一场比赛。'"

目前,法兰克·派特是人寿保险界的大红人。不但有人请他撰稿，还有人请他讲述自己的经验。他说："我从事推销已经 30 年了。我见到许多人，由于对工作抱着热忱的态度，他们的收入成倍数地增长。我也见到另一些人，由于缺乏热忱而走投无路。我深信唯有热忱的态度，才是成功推销的最重要因素。"

如果热诚对任何人都能产生这么惊人的效果，对你我也应该有同样的功效。所以，可以得出如下的结论：热忱的态度，是做任何事必需的条件。我们都应该深信这一点。任何人，只要具备这个条件，就都能获得成功。相信，他的事业也必会飞黄腾达。

怕，就会输一辈子

墨守成规无法使人脱离困境

很多人不敢创新，或者说不愿意创新，是因为他们头脑中关于得、失、是、非、安全、冒险等价值判断的标准已经固定，这使他们常常不能换一个角度思考问题。

举一个例子，假如有一个人有100%的机会赢80块钱，而只有85%的机会赢100块钱。在这种情况下，这个人极有可能会选择最保险安稳的方式选择80块钱而不愿冒一点险去赢那100块钱。但如果反过来假设这个问题，一个人有100%的机会输掉80块钱，另外一个可能性是有85%的机会输掉100块钱。这个时候，人们都会选择后者，大胆赌一下，因为还有15%的机会，说不定根本不会输。

这个例子使我们明白，平时我们之所以不能创新，或不敢创新，常常是因为我们从惯性思维出发，以至于顾虑重重，畏首畏尾。而一旦我们把同一问题换一个方向来考虑，就会发现有很多新机会等着我们大显身手。

其实许多十分有创意的解决方法都是来自换角度思考问题。在看待同一件事时，从反面来解决问题，甚至于最顶尖的科学发明也是如此。所以爱因斯坦说："把一个旧的问题从新的角度来看，这完全是成就科学进步的主因。"

著名的化学家罗勃特·梭特曼发现了带离子的糖分子对离子进入人体有很重要的作用。他想了很多方法来求证，都没有成功，直到有一天，他突然想到何不从有机化学的观点来探讨这个问题，最终实验成功了。

一个在平凡生活中追求财富和梦想的普通人，用不同以往思考问题的模式进行思考所取得的成效，并不亚于科学家们的新发现。

其实我们常常可以在日常生活中训练自己换个角度思考问题。比如说，一个年轻的妈妈想让刚买的婴儿床和自己的大床并在一起，这样就可以省去夜里的担心和麻烦。结果，在她想拆除小床的护栏时遇到了麻烦。她想按照床的设计，保留那个可以上下伸缩的移动护栏，而拆除那个固定的护栏，可是那个固定的护栏有着支撑床的功能，若拆掉，整个床就散了，这件事只好不了了之。

直到有一天，这位妈妈站到床的另一面，她才突然发现，若将小床和大床靠在一起，即使没有移动护栏也无所谓，而拆了移动护栏以后，小床依然牢固，这个问题也得以解决了。如果她不走到床的另一面，她可能永远看不到这一点，而使自己陷入烦恼。

在现实生活中，当人们解决问题时，时常会遇到瓶颈，这是由于人们只停留在同一角度思考。如果能换一换视角，也就是我们所说的换另一面考虑问题，情况就会改观，创意就会变得有弹性。记住，任何事情只要能转换视角，就会有创意出现。

满足于现状，就不会渴望创新。人生瓶颈是指一个人遇到的关卡，上不能上，下不能下，进不能进，退不能退。这时候怎么办？唯有创新才是出路。

要想真正发挥创新潜能，除了要有敢于尝试与创新的勇气，还必须精心培育你的创造力。以下列出的是许多成功人士常用的方法。

1. 及时记录下来一些想法

其实，在创新领域里，从来就不存在"馊主意"这个词汇。三年前你的某个想法也许不合时宜，三年后却可以成为一个绝佳的点子。而且那些看来荒谬怪诞的想法，也许往往更能激发你的创造力。

如果你能及时地将自己的想法记录下来，那么，当你需要某些刺激时，就可以从回顾之前的想法着手。这样做，并不仅仅是给旧想法一个新的机会，更是一种重新思考、重新整理的过程。在这个过程中，你可以轻易地勾勒出创造性较高的新计划。

2. 自我反问

如果不问"为什么"，你就不会有创新的见解。

为了避免这个常犯的错误，成功者总是通过所有的表象去寻找真正的问题所在。他们从来不把事情看作理所当然的结果，也从来不把事情视为如水到渠成般必然无疑。

那些不明确的，看来似乎是一时冲动下提出来的问题，往往包含着更多的创新性思维。

3. 经常表达自己的想法

如果你有了想法，不管是什么样的想法，你都应当表达出来，再一起讨论。

一个人一生中的大多数想法，都被无意识的自我审查否决。这种无意识的自我审查将一切离奇的想法都视为"杂草"，巴不得尽快地铲除。

请记住，循规蹈矩的脑子里没有"杂草"，但循规蹈矩的脑子也没有创造力。你想要有创造力，就必须照料好每一株"杂草"，把它们当作一株株具有潜在经济价值的新作物。

把你异想天开的想法说出来，将它们从头脑中解放出来，让它们能够免受自我审查的摧残。这样做，能使你有机会更仔细、更充分地去探索、去品味、去发现它们真正的实用价值。

4. 永远充满创新的渴望

满足于现状，没有乐观的期待，或者因为无法实现而不去追求，就不会渴望创造，就会妨碍创造力的发挥。

发明家和普通人其实都是一样的，唯一不同的是，发明家总是期盼能有更好的解决方法。系鞋带时，他们希望能更方便些，于是用带扣、按扣、橡皮带等代替鞋带；烹饪食物时，他们希望省去擦洗锅底的烦恼，于是便有了不沾锅的涂料。所有这一切，都源自他们想改变现状的愿望。

5. 换一种新的方法来思考

墨守成规不可能产生创造力，也无法使人脱离困境。

有人喜欢用比较分析法来思考问题，面临抉择时，他总是坐下来，将正反两方的思考点写在纸上进行比较分析。也有人习惯于用形象思维法，把没办法解决的问题画成图或列成简表。因此下次你能不能换另一种角度去思考，或交替使用各种不同的思考策略呢？试试看！也许，最困难的抉择也会迎刃而解。

6. 努力实践创新性的想法

有了创新性的想法，如果不去努力实践，再好的想法也会离你而去。

努力做了，却又因为短期内收不到成效而无法持续，你也同样会与成功擦肩而过。持之以恒地实践，才会如愿以偿。爱迪生说："天才是百分之一的灵感加百分之九十九的汗水。"这是他的至理名言，也是他的经验之谈。

一个圆锥体若以圆形作底部，它就像座高耸入云的灯塔；若以尖端作底部，它则像能阻挡残渣的漏斗。它的作用如何，全看你如何思考而已。而至于这个圆锥体的比喻，或者你心中已有不同于此的创意想法了呢！

一个有修养的人，应该知道居功之害

俗语所说韬光养晦。韬，本义为俞鞘，引申为掩藏。韬光是掩盖光泽，比喻掩饰自己的才华。无论如何，完美的名誉节操，都不要一个人独得，必须分一些给旁人，才不会引起他人的忌恨招来灾害而保全生命。不论如何，耻辱的行为和名声，都不可以完全推到别人身上，要自己承担一部分，只有这样，才能掩盖自己的智能而

怕，就会输一辈子

多作一些品德修养。

据《史记》记载：在鲁哀公十一年那场抵御齐国进攻的激战中，右翼军溃退了，孟之反走在最后充当殿军，掩护部队后撤。进入城门的时候，他用鞭子抽打马匹说道："不是我敢于殿后，是马跑不快。"他这样做是为了掩盖自己的功劳。从消极方面说，人立身处世，不矜功自夸，可以很好地保护自己。

一个有修养的人，应该知道居功之害。同样，对那些可能玷污行为名誉的事，也不应该全部推诿给别人。

韩信是汉朝的第一功臣，汉中献计出兵陈仓，平定三秦，率军破魏，俘获魏王豹，破赵，斩成安君，捉住赵王歇，收降燕，扫荡齐，力挫楚军。连最后垓下消灭项羽，也主要靠他率军前来合围。司马迁说，汉朝的天下，三分之二是韩信打下来的，项羽是靠韩信消灭的。但是功高震主，犯了大忌，加上他又不能谦逊自处，看到曾经是他部下的曹参、灌婴、张苍、傅宽都分土列侯，与自己平起平坐，心中难免矜功不平。樊哙是一员猛将，又是刘邦的连襟，每次韩信访问他，他都是"拜迎送"，但韩信一出门，他就说："我今天倒与这样的人为伍！"韩信自傲若此，全然不似当年甘受胯下之辱的情形。最后，终于一步步走上了绝路。后人评价说，如果韩信不矜功自傲，不与刘邦讨价还价，而是自隐其功，谦逊退避，刘邦再狠毒大概也不会对他下手吧。当然，对韩信的遭遇，这种看法是否恰当公允，是否还有别的公正的评价，这里姑且不论，但韩信的态度、遭遇的确是一个教训，也尤其应使有才有功者在这个问题上深思猛醒！从历史上看，多数开国功臣都是英才，但功高震主者则往往有亡身危险。

与韬光养晦相联系的是大智若愚，人人都自以为聪明，傻对他来说似乎是很难的。这需要有傻的胸怀风度，既能够愚，又愚得起。《菜根谭》说："鹰立如睡，虎行似病。"也就是说老鹰站在那里像睡着了，老虎走路时像有病的样子，这就是它们准备猎物吃人前的手段。所以一个有真才实德的人要做到不炫耀，不显才华，如此才能拥有肩负重大使命的力量。

古时有"扮猪吃虎"的计谋，以此计施于强劲的敌手，在其面前尽量把自己的锋芒收敛，"若愚"到像猪一样，表面上百依百顺，装出一副以奴为婢的卑躬，使对方不起疑心，一旦时机成熟，即闪电般一举把对手结果了。这就是"扮猪吃虎"的妙用。孔子说："宁武子在国家安定时是一个智者，在国家动乱时是一个愚人。他智的一面别人赶得上，那愚的一面，别人无法赶上！"宁武子历任卫文公、卫成公两朝，在天下太平时，好像无所作为，并不巧立名目、兴事弄术表现自己的才干。晋成公无道，他曾做过成公的诉讼人，使成公败诉。

但当晋国把成公废黜囚禁的时候，他利用自己的品德和为晋人所赞赏的地位，立朝不去，"从容大国之间，周旋人君之侧"，倾力保全卫国。后来晋侯派人要毒死成公，他又贿赂医生，让他减少毒药的分量，保全了成公的性命。孔子赞扬的"其愚不可及"就是指上述这些表现，可见不露才华，不显才干，才能为日后的大业积攒后劲。

遍观生物界，人们认为最无能、最让人任意宰割的或许是昆虫类了。岂不知昆虫自有一套避凶趋吉的妙法。如昆虫的保护色和拟态。蝗虫的身体颜色会随着环境的颜色而改变。竹节虫和枯叶蝶在遇到天敌时，会装成竹节和枯黄的树叶，还有的动物遇危险时假死以迷惑敌人。

再说"虎行似病"，装成病恹恹的样子正是老虎吃人的前兆，所以深藏不露，才有任重道远的力量。这就是所谓"藏巧于拙，用晦如明"。人们不管其本身是机巧奸猾还是忠直厚道，似乎都喜欢傻呵呵不会弄巧的人，这并不以人性情为转移，所以，要达到自己的目标没有机巧权变是不行的，但又要懂得藏巧，不为人识破，也就是"聪明而愚"。

1805年，拿破仑乘胜追击俄军到了关键的决战时刻。此时，沙皇亚历山大见自己的近卫军和增援部队到来，便不想撤退而与法

怕，就会输一辈子

军决战。库图佐夫劝他继续撤退，等待普鲁士军队参加反法战争。此时拿破仑知道了俄军内部的意见分歧，害怕库图佐夫一旦说服沙皇，就会失去战机，于是装出一见俄军增援到来就害怕决战的样子，停止追击，派人求和，愿意接受一部分屈辱条件。这更加刺激了沙皇，认为拿破仑如果不是走投无路了，像他这样傲慢的人决不会主动求和，因此判定现在正是回师大败拿破仑的时候，不听库图佐夫的意见，向法军展开进攻，结果钻进了法军圈套，被法军打得狼狈不堪。

闭口深藏舌，安身处处牢

　　说话比做文章、读文章难。做文章，可以细细推敲，再三修正；读文章，可以细细体味，详加研究。说话则不然，一言既出，驷马难追，所以你与人对话，应该特别留神。

　　人与人之间好感难得，恶感易成，与人对话，必须谨慎。说话方式要符合对方个性，才会产生作用；但也不要忽略你与对方的交情程度，否则"交浅而言深""不可与言而言"，则还不如不言。当然，知己相聚，上下古今，东西南北，兴之所至，无所不谈，你不必有所拘束，但是也不可过度。一言误会，感情遂生裂痕，此则不可不防、不可不戒。

　　你要说的话，事前先打腹稿，列出纲要；说话开始时，先要定一定神，态度从容，双目注视着对方的眼睛，表示出恳挚的神情；边说边注意他的反应，是赞成还是不以为然，随时调整你的说法。如果发觉他神情不屑，不愿意多听的样子，你就该设法收尾；如果发觉他怀疑的样子，你就该多做解释；如果发觉他乐于接受的样子，你就该单刀直入，不要再绕什么圈子。发觉他要插言的时候，你就该请他发表意见。他的答语，你要特别留神，比如同样一个"喔"

字，会有不同的表示："喔，"表示知道了；"喔！"表示惊奇；"喔？"表示疑问。

再如，他说"好的，以后再谈吧"，这是不肯接受；"好的，照如此办吧"，这是完全接受；"好的，我替你留意"，这是没有把握的表示；"好的，我替你设法"，这是肯负几分责任的表示；"好的，待我研究研究"，这是原则可以同意，办法还须讨论；如果他说"好的，你听我回音"，这是肯帮忙的表示。细细体味，便知道此次谈话是否成功。谙于世故的人，往往不肯有直接的表示，很容易使你误解他的真意。

你对人表示态度，也要有个分寸，你以为可以办到的，回他"我去试试，成败不敢保证"；你以为对的，回他一声"很好"，或"不错"；你以为不对的，回他"这个问题很难说，各有各的说法"；你以为办不到的，回他"此事太困难，恐怕无大希望"。总之，不要说得太肯定。太肯定的回答，最易造成不欢而散的后果。一切回答，必须留些回旋的余地，万一临时不能决定，你可以说"待我考虑后，再答复你吧"；或者说"待我与某方面商量后，由某方面答复吧"。前者是接受与不接受各占一半，后者多数是婉言拒绝。如果对方唠叨不止，你不愿意再听下去，也有几个方法可以应付，或者乘机谈谈别的事情，转移谈话方向，或者就说"好的，今天谈到此处为止"，立起身来，说声"对不起，再见"。如此，他自会终止谈话离开你。

你要和对方说话，先要明白他的个性。他喜欢学问的，你应该说高远的话；他喜欢婉转的，你应该说流利的话；他喜欢亢直的，你应该说激切的话；他喜欢琐事的，你应该说浅近的话；他喜欢诚恳的，你应该说质直的话。你的说话方式，与对方个性相符，自能一拍即合。

若对方是一个喜欢刺探你意思的人，往往迂回曲折，中间插入一句主句，希望你暴露真情。你若不愿意告诉他，就应该特别留神，设法避过，或者当作没有听见，或者含糊其词，或者就说"不便奉

怕，就会输一辈子

告"，拦阻他不断的进攻。此外，盛怒之后，不要见客；宿醉未醒，不要见客。余怒易迁怒来客，无端得罪；醉后易畅言无忌，泄露秘密。

但是只明白对方的个性还是不够，你还得估量彼此的交情。交情未到相当程度，你的说话方式，虽合对方个性，但说话是否发挥效力仍是一个疑问。话是说得对了，你的交情资格，还是不对。交情资格不对，你就犯了"交浅而言深"的错误。彼此的交情，还不曾达到相当的程度，"不可与言而言，是以言脱之也"，逆耳之言，只会使人觉得讨厌！

某甲是耿直之人，他的领导也不失为耿直的人。有一次为了同事待遇过分刻薄，某甲自告奋勇，向领导提出加薪的请求，他对领导慷慨陈词：现在的待遇，不但不合理、不合情，简直是逼他们走到死路上去。他们死不死，姑且不问，你的事业还有前途吗？某甲自以为理直气壮，自以为够得上直说的交情，谁知领导听了大不高兴，不但不采纳，反而反唇相讥，认为这是整个社会的问题，应该由政府来解决，他是无力改善的，弄得一场没趣。这不是话不投机，而是某甲估计错了彼此的交情，还没有到说这话的时机。从此以后，领导以为某甲是存心捣蛋，借此鼓弄风潮，于是误会日深，再有小人居间无中生有，挑拨是非，以后的纠纷，多着呢！

举这个例子，无非是想劝你说话必须详加考虑：你的说话方式，合乎对方个性吗？你和他的交情，够得上说真话吗？若有一个"否"字，你最好还是秉承谙于世故者的教训："闭口深藏舌，安身处处牢。"

金钱积累到一定程度，就没有诱惑力了

心理学的研究结果表明，金钱到一定程度的时候对人来说就不再具有诱惑力了。也许，你现在还远远没有达到那种境界，但是，

如果你是一个聪明人的话，你会发现，工资只不过是你所获得的报酬的一种。我问过很多事业成功的人，如果在没有利益回报的情况下，他们是否愿意努力去做自己的工作。他们都这样对我说："我绝对会一样全力以赴地去工作，因为，我热爱我的工作。"

然而，在现实生活中，很多刚踏入社会的年轻人，他们对自己有很高的期望，他们觉得自己富有学识，应该立刻得到一个薪水丰厚、职位显赫的工作。在他们的眼中，薪水成了一种衡量成败的标准。而事实上是怎样的呢？许多刚从学校毕业的年轻人，没有什么工作经验，老板又怎么能把重要的职务交给他去做呢？既然这样，他们又凭什么向老板去索取高薪呢？由于得不到这些，许多年轻人都抱怨老板，并且对工作也毫无热情。

今天，许多年轻人都把社会看得十分冷酷和严峻，他们变得比他们的父辈们更加现实，这也许和他们看多了父辈们被老板无情地"炒鱿鱼"的现象有关。于是，在他们眼中，工作成了这样一条简单的定义：我为公司工作，公司付给我同样价值的报酬，等价交换。他们绝对不会去为公司多做哪怕是一点点的事。在他们的眼中，工资就是一切，曾经学生时代的梦想之花早已凋落。他们工作时缺乏信心、缺乏激情，以应付的姿态对待一切，能偷懒就偷懒，能逃避就逃避，以此来表示对老板的抱怨。工作仅仅就是为了对得起这份工资，从来没想过这会与自己的前途有何联系，也不会去考虑家人和朋友的想法。

为什么会出现这样的现象呢？我认为这是由于人们缺乏对薪水的认识和理解。很多的人总认为老板付给自己的薪水太低，更可惜的是，他们还放弃了比薪水更重要的东西。

年轻人，我要郑重地告诉你们，不要做一个为薪水工作的职员，你的工资只是工作报酬的一种方式，尽管它很直接，但是，它也是最短视的。如果你只是为了工资而工作，而没有其他更高尚的目标，你将会成为一个不幸的人，因为这么做对你的人生来说，绝对不是

怕，就会输一辈子

一种好的选择。

如果你只为薪水而工作，你的生活将陷入平庸之中，也找不到人生中真正的成就感。工作的目的虽然是为了获得报酬，但工作能给你带来的远比信封中的工资要多得多。

不要做一个为薪水工作的职员。工作虽是为了生计，但是，通过工作使自己的潜能得到充分的发挥，比什么都重要。假如工作仅仅为了糊口，那么你的生命的价值将因此而大打折扣。

你的追求不要只局限于满足生计，而要有更高的追求。千万别对自己说，工作就是为了挣钱。你要看到比薪水更高的目标。

一个人要想获得成功，最好的捷径就是选择一种哪怕没有任何报酬自己也愿意努力去做的工作。当你这样做时，金钱就会自动地追随你而来。所有的公司也将竞相聘请这样的人才，而且他们愿意为此付出更高的报酬。

适可而止，知足者常乐

现今的人在社会上，常有一种不拿白不拿、不吃白不吃的贪婪！殊不知，你的贪不仅损害了他人的利益，还会使他人对你的贪反感。或许他人可以容忍你的行为，不在乎你的贪，但如果你懂得适可而止，他会对你有更好的印象与评价，因此愿意延续和你的关系。

人常常会因贪婪而犯傻，什么蠢事都干得出来。所以任何时候都要有自己的主见和辨别是非的能力，不要被假现象迷惑。

看看下面故事中的小孩是怎样做的，这或许会给我们一些启示。

有一个小孩，大家都说他傻，因为如果有人同时给他5角和1元的硬币，他总是放弃1元的硬币，而选择5角的硬币。有个人不相信，就拿出两个硬币，一个1元，一个5角，叫那个小孩任选其中一个，结果那个小孩真的挑了 5 角的硬币。

那个人觉得非常奇怪，便问那个孩子："难道你不会分辨硬币的币值吗？"孩子小声说："如果我选择了 1 元钱，下次你就不会跟我玩这种游戏了！"这就是那个小孩的聪明之处。

的确，如果他选择了 1 元钱，就没有人愿意继续跟他玩下去了，而他得到的，也只有 1 元钱！但他拿 5 角钱，把自己装成傻子，于是傻子当得越久，他就拿得越多，最终他得到的，将是 1 元钱的若干倍！因此，在现实生活中，我们不妨向那"傻小孩"看齐—不要 1 元钱，而取 5 角钱！

可叹的是，现代社会充斥着下列现象：人际关系一次用完，做生意一次赚足！以为自己这样做是聪明，殊不知这都是在断自己的路！我不希望你有这种聪明，而希望你能一直拥有那个小孩一样的"傻"，因为这会让你得到更多回报。10 个 5 角钱多，还是一个 1 元钱多，你自己算算吧！

永不满足的欲望不停地诱惑着人们追求物欲的最高享受，然而过度地追逐利益往往会使人迷失生活的方向。因此，只有凡事适可而止，才能把握好自己的人生方向。

几个人在岸边垂钓，旁边几名游客在欣赏海景。只见一名垂钓者竿子一扬，钓上了一条大鱼，足有一尺多长，鱼落在岸上后，仍腾跳不止。可是钓者却解下鱼嘴内的钓钩，顺手将鱼丢进海里。围观的人发出一片惊呼，这么大的鱼还不能令他满意，可见垂钓者雄心之大。就在众人屏息以待之际，钓者鱼竿又是一扬，这次钓上的还是一条一尺多长的鱼，钓者仍是不看一眼，顺手扔进海里。第三次，钓者的钓竿再次扬起，只见钓线末端钩着一条不过几寸长的小鱼。众人以为这条鱼也肯定会被放回，不料钓者却将鱼解下，小心地放回自己的鱼篓中。

众人百思不得其解，就问钓者为何舍大而取小。钓者回答说："哦，因为我家里最大的盘子只不过有一尺长，太大的鱼钓回去，盘子也装不下。"

在经济发达的今天，像钓鱼者这样舍大取小的人是越来越少，反而是舍小取大的人越来越多。俗话说，贪心图发财，短命多祸灾。心地善良、胸襟开阔等良好的品性，才是健康长寿之本。贪图小便宜，终究是要吃大亏的。

法国人从莫斯科撤走后，一位农夫和一位商人在街上寻找财物。他们发现了一大堆未被烧焦的羊毛，两个人就各分了一半捆在自己的背上。归途中，他们又发现了一些布匹，农夫将身上沉重的羊毛扔掉，选些自己扛得动的、较好的布匹；贪婪的商人将农夫所丢下的羊毛和剩余的布匹统统捡起来，重负让他气喘吁吁、行动缓慢。走了不远，他们又发现了一些银质的餐具，农夫将布匹扔掉，捡了些较好的银器背上，商人却因沉重的羊毛和布匹压得他无法弯腰而作罢。突降大雨，饥寒交迫的商人身上的羊毛和布匹被雨水淋湿了，他踉跄着摔倒在泥泞当中；而农夫却一身轻松地回家了。他变卖了银餐具，生活富足起来。

大千世界，万种诱惑，什么都想要，会累死你，该放就放，你会轻松快乐一生。贪婪的人往往很容易被事物的表面现象迷惑，甚至难以自拔，待事过境迁，后悔晚矣！

一次，一个猎人捕获了一只能说70种语言的鸟。

"放了我，"这只鸟说，"我将给你三条忠告。"

"先告诉我，"猎人回答道，"我发誓我会放了你。"

"第一条忠告是，"鸟说道，"做事后不要懊悔。第二条忠告：如果有人告诉你一件事，你自己认为是不可能的就别相信。第三条忠告：当你爬不上去时，别费力去爬。"然后鸟对猎人说："该放我走了吧。"猎人依言将鸟放了。

这只鸟飞起后落在一棵大树上，又向猎人大声喊道："你真愚蠢。你放了我，但你并不知道在我的嘴中有一颗价值连城的大珍珠。正是这颗珍珠使我这样聪明。"

这个猎人很想再捕获这只放飞的鸟。他跑到树跟前并开始爬树。但是当他爬到一半的时候，他掉了下来并摔断了双腿。鸟嘲笑他并向他喊道："笨蛋！我刚才告诉你的忠告你全忘记了。我告诉你一旦做了一件事情就别后悔，而你却后悔放了我。我告诉你如果有人对你讲你认为是不可能的事，就别相信，而你却相信像我这样一只小鸟的嘴中会有一颗很大的珍珠。我告诉你如果你爬不上去，就别强迫自己去爬，而你却追赶我并试图爬上这棵大树，结果掉下去摔断了双腿。这个箴言说的就是你：对聪明人来说，一次教训比蠢人受一百次鞭挞还深刻。"说完，鸟飞走了。

　　贪婪是一种顽疾，人们极易成为它的奴隶，变得越来越贪婪。人的欲念无止境，当得到不少时，仍指望得到更多。一个贪求厚利、永不知足的人，等于是在愚弄自己。贪婪是一切罪恶之源。贪婪能令人忘却一切，甚至自己的人格；贪婪令人丧失理智，做出愚昧不堪的行为。

　　因此，我们真正应当采取的态度是：远离贪婪，适可而止，知足常乐。

怕，就会输一辈子

Part 10

未来的你，一定会感谢拼命的自己

感谢自己，是自己给自己力量，是自己给自己帮助，从小到大，从工作到生活，我们所面对的种种困难，帮助我们走过的，虽然有很多值得感谢的人，但主观上是我们自己努力的结果。别人给再多的机会也只不过是为我们奠定基础而已，感谢自己懂得了把握机会，踏踏实实地从基础做起。

不放弃任何可能，就是在为自己创造机会

在哈佛大学那样竞争激烈的环境里，无论是谁都会感到非常紧张，而一位眼睛看不见的女博士生却非常自在愉快。她叫张婷，是中科院研究生院的副教授，2000 年 7 月以优异的成绩进入哈佛大学就读，成为该校有史以来唯一一位非本国的盲人学生。

张婷出生于 1963 年，在 29 岁之前，她一直过得很顺利。她15 岁就考上郑州大学英语系，19 岁开始教授大学二年级的英语精读课，23 岁从中科院研究生院毕业后留院任教。1992 年，正值人生最璀璨阶段的她，却患上了一种叫作"黄斑变性"的眼疾，医生诊断后告诉她这是一种会逐渐失明的疾病。

在她的眼前，原本五光十色的世界由雾蒙蒙变成完全黑暗。这是一个痛苦的过程。在一年多的时间里，她一边治疗眼疾，一边坚持教书。但她总是把看病的时间安排在周末假日，她不愿意请假，因为怕误了学生的学习。她几乎没有耽误过任何一堂课。她的视力越来越模糊，但她却拼命地使用眼睛，不放过一分一秒看书的时间，直到眼前什么也看不见了，她仍然说："我离不开讲台，我要当老师。"

张婷以前因为近视，一直戴眼镜，失明后她就摘下了眼镜，但却常常在走路时被树枝扎伤眼。因此为了保护眼睛，她又戴上了眼镜。另外，家里的摆设都靠着墙，并留有宽敞的过道，好方便她走路。学会生活上的自理对失明的张婷来说不是最难的，最难的是她还想教书。

她请父母为她买各式各样的录音机，她想，既然眼睛看不见了，那就用耳朵听吧。她也随身携带一个袖珍型的小录音机，比如记个电话号码，就用录音机录下来。她笑道："条条大路通罗马。"

做到这一点很不容易。失明之后，她依然能写出漂亮的板书，但有谁知道她贴在黑板上的左手是在悄悄估计字的大小，好配合写字的右手。为了这几行板书，她不知在家里练了多少遍：在房门上，在硬纸板上，让自己慢慢感觉以往所忽略的身体律动，来协调左右手之间的搭配。语音教室里，平面操作台上的各种按钮也被她悄悄地贴上了一小块一小块的胶布，作为记号。

她在每学期刚开始的第一节课必定要点名，然后在心里默默记住每位学生不同的声音，并配上他们的名字。下一次，她就能准确地叫出每位学生的名字了。在与人谈话时她始终专注地注视着对方，事实上她是全凭听说话者的声音来判断他们的位置的。

张婷的学生都是博士生。他们喜欢上她的课，因为"张老师发音很准，声音很好听，上课形式多样化"。她从不照本宣科，上课喜欢提问，准备了大量课外资料。她喜欢在每堂课开始的时候播放当天或者昨天的英语新闻，并经常在课程告一段落时播放新的英文歌曲。

学生们私底下都十分佩服她为每一节课所做的精心准备。下课的时候，学生们都喜欢围在讲台边和她聊天。她的知识面非常广，知道很多最新的信息。无论是英美文学、音乐，还是国际时事，博士生们和她聊得十分开心，而她也感到非常快乐。

在中科院外语部教学品质评量表中，博士生们为她打了98分；在毕业班的毕业留言簿上，学生们深情地写道："张老师，我们无法用恰当的言辞来形容您的风采，您的内涵如此丰富，您的授课如此生动。除了获取知识外，我们还获得了不少乐趣和做人的道理……"

张婷说自己之所以始终站在讲台上靠的是一种自信，以及对这份工作的热爱。她从不觉得自己与其他人有什么不同，"站到讲台上我就是个老师，这时我和其他老师一样，学生要学东西，我们教他们知识。而要想赢得他们的认同，必须靠创新"。

"一个人获取知识、信息的方式非常多样，不过方式并不重要，重要的是怎么去应用知识。中科院里的博士生都是非常优秀的学生，他们是未来的科学家，我会尽自己最大的努力把我所会的东西教给他们。"张婷强调说，"创新并不是盲目的改变，而是必须在深厚的文化基础上表现出自己的特色。"她编的教材也十分注重新意。她认为，书不在乎薄厚，而是要有独到的见解。至于教学方式，她也有自己的观点："一切为教学效果而改变。'不写板书那叫什么上课'的观念要改，怎样达到学生能完全吸收的教学目标才是最重要的。如果主要靠大家听，也许一个字不写也行。要不拘形式，不墨守成规。"

张婷非常注重接受新事物，使用新方法。失明后，她不仅教学生听力和口语，甚至还教英文写作。她用扫描仪把书、学生作业扫描到计算机里，再让计算机把资料显示在屏幕上，或是将上课资料用打印机打印出来。她甚至和学生进行网络教学，学生若有问题，可以发给她，她再回复。

提起这些她就感慨自己很幸运，生在这样一个瞬息万变的时代，可以用计算机、网络等各种以前没有过的教学手段。"关键在于你肯不肯用别的方式，肯不肯动脑筋去思考。并不是只有一条路可走，有很多条路，有很多选择，有很多施展自己才能的机会。"

2000 年，张婷获得了进入哈佛大学深造学习的机会，她的事迹也通过网络迅速传遍了整个哈佛。

在哈佛大学，面对上千门课程，面对那么多新的信息，张婷非常兴奋。"想学的东西太多了。我每天一早就去听课，一直到下午五点半。中午有半个小时的时间吃饭。晚上就在宿舍里读书、上网，往往要到十二点多才能就寝。我觉得在这里的每一天都过得很充实。"

张婷说，没想到自己在失明 8 年之后还能走进哈佛，因此她非常珍惜这次难得的机会。"这里条件很好，信息传递非常迅速，我

怕，就会输一辈子

要多听课，多读书，多学些新东西。我要努力充实自己，好增加往后的教学内容。"

看完张婷的故事，是不是会对你有所启发呢？不放弃任何可能，就是在为自己创造机会。

在成功面前延伸展开的，是各式各样的路。并不是只有一条路可走，而是有很多条路，有很多选择，有很多施展自己才能的机会。

进取心是叩响自己心灵的大门

刚造出来的航海罗盘，没有磁化前，指针方向混乱；一旦磁化，就被一种神秘的力量支配着，指向同一个方向，且永远指向那里。

在人的身上，这种神秘的力量就是进取心，使我们向目标不断努力。它不允许我们懈怠，它让我们永不满足，每当我们达到一个高度，它就召唤我们向更高的境界努力。

进取心是摆脱颓废的最佳手段。

一旦养成不断自我激励、始终向着更高境界前进的习惯，身上所有的不良品质和坏习惯都会逐渐消失。在所有个性品质中，只有被鼓励、被培养的品质才会成长，而消灭不良品质的最好方法就是消灭它们赖以生存的环境和土壤。

人们通常很早就意识到进取心是叩响自己心灵的大门，但是，如果不注意它的声音、不给予它鼓励，它就会渐渐远离。正如其他未被利用的功能和品质一样，雄心也会退化，甚至尚未发挥任何作用就消失得无影无踪了。

最伟大的雄心壮志，也会由于多种原因受到严重的伤害。拖延、避重就轻等习惯都会严重地削弱一个人的雄心，影响一个人的壮志。

如果你发现自己在拒绝这种来自内心的召唤、激励你奋进的声音，那么要留神，别让它越来越微弱以至消失，更别让进取心衰竭。当这个积极的声音在你耳边回响时，一定要注意聆听它，因为它是你最好的朋友，将指引你走向光明和快乐。

从前，在宾夕法尼亚的一个山村里，住着一位卑微的马夫，后来这位马夫竟然成了美国最著名的企业家之一。他就是查尔斯·齐瓦勃先生。

齐瓦勃先生是如何获得成功的呢？他的成功秘诀是：他从不把薪水的多少视为重要的因素。每谋得一个职位，他最关心的都是新的位置和过去的位置相比前途和希望是否更远大。

他最初在钢铁大王安德鲁·卡耐基的工厂做工，当时他就自言自语地说："总有一天，我要做到本厂的经理。我一定要努力做出成绩来给老板看，使老板主动来提拔我。我不会计较薪水的高低，我只要记住：要拼命工作，要使自己的工作产生的价值远远超过我的薪水。"他下定决心后，便以十分乐观的态度，心情愉快地工作。在30岁时，他成了卡耐基钢铁公司的总经理，39岁时，他又出任全美钢铁公司的总经理。

齐瓦勃只要获得一个位置，就决心做所有同事中最优秀的人。当同事抱怨待遇低微时，齐瓦勃却把注意力集中在工作上。他明白，目前的待遇或多或少，与他将来注定要获得的财富相比，都是微不足道的，计较这几美元是很无聊的。他看清了周围人的卑微愿望和平庸命运，也在自己的卓越之路上默默努力。他做任何事情都保持乐观的心态、愉快的情绪，他在业务上尽可能做到尽善尽美、精益求精。人们习惯于把难度高的事情都交给他来处理，他渐渐成了公司的主心骨。

有人向美国薪水最高的职业经理询问成功的秘诀，他说："我还没有成功呢！没有人会真正成功，前面还有更高的目标。"

爱迪生、斯旺以及许多科学家在同一时期研究电灯。当时电灯的原理已经很清楚了——要把一根通电后发光的材料放在真空的玻璃泡里，人们在解决一些具体问题——如何让它更轻便、成本更低廉、照明时间更长。其中最主要的问题，也是竞争的焦点，就是灯丝的寿命。

爱迪生全力以赴地投入了这项研究，有位记者对他说："如果你真的让电灯取代了煤气灯，那可要发大财了。"爱迪生说："我的目的倒不在于赚钱，我只想跟别人争个先后，我已经让他们抢先开始研究了，现在我必须追上他们，我相信我一定会的。"

在当时的社会上，爱迪生已经声名赫赫，他仅仅宣布可以把电流分散到千家万户，就导致煤气股票暴跌 12%。他本人是冷静的，在设想成为现实之前，他要像小时候在火车上做实验一样踏踏实实地干。他已经是一个改进了电话、发明了留声机、创造了不计其数的小奇迹的著名"魔术师"，但他是这样的人，一旦取得了成果，就把它忘掉，扑向下一个。用来做灯丝的材料，他尝试过炭化的纸、玉米、棉线、木材、稻草、麻绳、马鬃、胡子、头发等纤维，铝和铂等金属，总共 1600 多种。那段时间，全世界都在等着他的电灯。

经过一年多的艰苦研究，他找到了能够持续发光 45 小时的灯丝。在这 45 个小时中，他和他的助手们神魂颠倒地盯着这盏灯，直到灯丝烧断。接着他又不满足了："如果它能坚持 45 个小时，再过些日子我就要让它烧 100 个小时。"

两个月后，灯丝的寿命达到了 170 个小时。《先驱报》整版报道了他的成果，用尽赞美之词："伟大发明家在电力照明方面的胜利"，"不用煤气，不出火焰，比油便宜，却光芒四射"，"十五个月的血汗"……新年前夕，爱迪生把四十盏灯挂在从研究所到火车站的大街上，让它们同时发亮来迎接出站的旅客。其中不知多少人是专门赶来看奇迹的。这些只见过煤气灯的人，最惊讶的不是电灯能发亮，而是它们说亮就亮、说灭就灭，好像爱迪生在天空中对它们吹气似的。有个老头还说："看起来蛮漂亮的，可我就是死了也不明白这些烧红的发卡是怎么装到玻璃瓶子里去的。"大街上响彻这样的欢呼："爱迪生万岁！"然而，爱迪生的讲演使人们再次惊讶："大家称赞我的发明是一种伟大的成功，其实它还在研究中，只要它的寿命没有达到 600 小时，就不算成功。"

那以后，他在源源不断的祝贺信、电报和礼物中，在铺天盖地的新闻中，在说他正在把星星摘下来试验新的灯丝，说他发明了 365 层像洋葱一样可以一层层剥下来的不用洗的衬衣的神话中，以及在雪片般飞来的求购这种衬衣的汇款单中，默默地改进着灯泡，向 600 小时迈进。结果，他的样灯的使用寿命竟达到了 1589 小时。

如果你在一个平庸职位上拿到不错的薪水，就缺乏向更高职位努力的动力，那么非常遗憾，说明你的进取心开始消磨了。其实，你有能力做得更好，甚至有能力自己创业。

如果你认为自己做得挺好，可以站稳脚跟了，别人也这么告诉你，那你应该听听这番话："其实你的薪水不算多，你要是不想争取更多，恐怕就连这点薪水也不能保住。现在的事情像逆水行舟一样，不做得更好，就会做得更差。你知道有多少人在盯着你吗，那些能够做得更好的人，正等着把你挤下去呢。"

浅尝辄止、安于现状、不思进取的人不会做出什么大成绩。一个有崇高目标、期望成就大业的人，总是不停地超越自我，拓宽思路，扩充知识，敞开生活之门，希望比周围的人走得更远。他有足够坚强的意志，激励自己做出更大的努力，争取最好的结果。

作为一个职员，如果你想迅速获得提升，就找一些同事们啃不动的工作，去完成它。做好了，就容易超越那些资历比你高的职员。如果一个人做起事来总是精益求精，总是让别人惊喜，上司自然会注意到他，必要时自然会把他提拔到重要的位置。没有一个雇主不喜欢有上进心的下属，他们也在随时观察员工们的表现。

绝不可养成非监督逼迫不能好好工作的恶习。无论上司在不在，都要忠于职守、全力以赴，工作不是装样子给上司看，而是为自己的发展创造条件。你只要留心观察周围的情况，就会发现，有很多

怕，就会输一辈子

事不需上司吩咐，就可以去做。面对这些事，千万不要有这样的想法："反正上司不在，省省力气吧。"你必须把经验、学识、智慧和创造力发挥得淋漓尽致，争取达到惊人的效果。绝不能这样想："照着上司的吩咐，按部就班就可以了。""没有补贴，我才不加班呢。"过于计较自己付出的劳动是否超过了报酬，这样的人不会有升迁的机会，哪怕他才华横溢。

能承受别人的嘲笑，这是一种雅量

在佛经里，"忍辱"的意义是很丰富的。挫折、打击固然要忍，成功与欢乐也要忍；逆来受，顺来也要受。但是，所谓"受"，并不是被动地接受认可，而是以积极主动的态度，把境遇转化成超越，让自己从中获得学习成长的机会。一般人受到冤屈挫折，心理上总是愤愤不平；然而，正因为愤恨难消，痛苦煎熬也如影随形、挥之不去。如果借着面对打击来锻炼自己的心性品格，甚至把打击你的人看成来感化你的菩萨，谢谢他给你锻炼自己、提升自己的机会，那么心里没有怨恨，自然不会感到痛苦。

有几位智障儿的家长说，经过漫长的岁月，他们已经能在照顾孩子的艰苦和磨难当中，慢慢体会到自己的心都被打开来了。他们能用接受考验的心情欢喜承受，所以，即使在外人看来，他们的处境是苦不堪言的，他们却甘之如饴。在逆境中忍辱负重、蹒跚前行，这个道理大家能接受，而在事事顺利、飞黄腾达的时候也要"忍辱"，恐怕就不容易理解了。许多人在失意的时候还能刻苦自励，一旦春风得意，就放荡起来了，得意忘形，言行举止失了分寸，灾难祸害很快就随之而至。所以要居安思危，成功要忍，逆境也要忍。

漫漫人生路，有太多的不如意，退一步是海阔天空，只要不忘记自己的最终使命，你还是你。要能承受别人的嘲笑，这既是一种雅量，同时也是能忍的标志。

守端禅师的师父是茶陵郁山主。有一天，骑驴子过桥，驴子的脚陷入桥的裂缝，禅师摔下驴背，忽然感悟，吟了一首诗："我有神珠一颗，久被尘劳羁锁。今朝尘尽光生，照见山河万朵。"守端很喜欢这首诗，牢牢地背了下来。有一天，他去拜访方会禅师。方会问他："你的师父过桥时跌下驴背突然开悟，我听说他作了一首诗很奇妙，你记得吗？"守端不假思索，完整地背诵出来。等他背完了，方会大笑一阵，就起身走了。守端愕然，想不出什么原因。第二天一大早，他就赶去见方会，问他为什么大笑。方会问："你见到昨天那个为了驱邪演出的小丑了吗？""我见到了。"方会说："你连他们的一点点都比不上呀。"守端听了吓了一跳说："师父什么意思？"方会说："他们喜欢人家笑，你却怕人家笑。"守端听了，当场就开窍了。如果你不能接受一次嘲笑，将会受到别人更多的挑剔和攻击。人生中，如果你不能忍一时之痛，那么你的痛苦将是长久的。

其实，人生的各种境遇都是我们学习的功课。有人能处逆境，却未必能处顺境。一个人用什么样的心态面对自己所处的环境，这就要看他"忍辱"的功夫做得够不够。听说在监牢里一关十几、二十年的犯人，据说很多是带着满腔恨意出狱的，所以，出狱以后往往变本加厉，犯下更大的罪案。

屈辱，是可以成为泯灭一个人理想之火的冰水，也可以成为鞭策一个人发愤成功的动力。要知道受屈辱是坏事，但也能变成好事。心理学家认为：人有三大精神能量源　创造的驱动力，爱情的驱动力，压迫、歧视的反作用驱动力。屈辱就是一种精神上的压迫，它像一根鞭子，鞭策你鼓足勇气，奋然前行。记得一位先哲说过，无论怎样学习，都不如他在受到屈辱时学得迅速、深刻、持久。屈辱使人学会思考，体验到顺境中无法体会到的东西。它使人更深入地去接触实际，去了解社会，促使人的思想得以升华，并由此开辟出一条宽广的成功之路。善于从屈辱中学习，是成就业绩的一个重要因素。

要把屈辱变成成功的动力，并不是件容易的事。不论何时，都要高悬理想的明灯，树立起坚强的精神支柱，抡起行动的巨斧。唯有如此，才能步入成功之旅。朋友，当你受到屈辱时，愤则兴，兴则进。

转换视角看问题时，你会发现一个全新的世界

一位留学美国的中国学生和朋友谈起了自己看问题视野的变化。由于小学成绩优秀，他考上了县城的中学。他发现自己再不能像在小学时那样稳拿第一了，于是产生了嫉妒：比自己好的同学原来都有六棱的好铅笔，自己却没有，天道不公啊！经过几年的苦读，他居然又成为县中学的第一了。而他又觉得：人与人之间还是不平等的，为什么自己没有好钢笔呢？

中学毕业后，他考上了北京的某所大学，可好景不长，他的学习成绩连中等也保不住了。看到城里的同学好铅笔成堆，好钢笔成把，早上蛋糕牛奶，晚上香茶水果。再想想自己，早上一个窝头都舍不得吃完，还要给晚上留一半。"合理"又从何谈起呢？五年后，他留学到美国，亲眼看到了五光十色的西方世界，所有的嫉妒、自卑、怨恨却忽然一扫而光了。原来自己选取的比较标准发生了变化，看到的不再是自己的同学、同事和邻居，而是整个世界。

有的人在蜗牛角上打架，有的人携手在太空漫步。坐井观天的争斗只有一个结果，就是故步自封。当你转换一个视角再看问题时，你有可能发现一个全新的世界。

这个世界上只有一件事是最重要的,那就是自己得瞧得起自己,

至于别人怎么说怎么认为反而是一件无足轻重的小事。

生活中如此，工作上也一样，只要好好干，是金子总会发光的。可是，当我们面对生活的挫折和不平坦的路程的时候，我们却常常把自身贬低。李明原来在某公司的营销部当经理。一天他突然接到人事部门的调令，调他去供应部当经理。在公司，供应部的地位哪里比得上营销部呢？李明心想，如此一调，不就是明摆着对自己不满意嘛，看来前途不妙。以前李明从事销售工作，整天往外跑，很合乎他的个性，如今，要他整天待在办公室里搞物资调动，和那些器材报表打交道，实在是有些受不了。开始的时候，李明一直闷闷不乐，心灰意冷。后来他自己忽然想到一个问题：为什么我以前对自己信心十足，当上了供应部经理后就没有了呢？他思之再三，突然醒悟过来："这是因为我自己的期待值无形中随着部门的调动而降低了，我失去了自我上进的动力。"于是，他开始把精力投入新的工作，慢慢地发现供应部也有自己的用武之地。而且，供应部对整个公司来说，起着举足轻重的作用，只是大家平时把它忽略了而已。李明重新找到了"工作的意义"，一改以往消极拖沓的作风，又变得充满自信，工作起来如鱼得水，得心应手。他的积极态度也感染了下属。由于他出色的工作成绩，供应部获得总公司颁发的两次特别奖金。不久，李明收到一张人事调令，他被提升为公司的副总经理。

从这个故事中，我们看到了：在生活中，我们应该保持一种适应环境、改造环境的积极心态，而不要一味地在自己的消极意志中沉寂下去。当然，有些时候我们不可能完全如意地挑选那些又重要又体面的工作，很可能要被动地接受一些工作安排。这时候要心中清楚：不要让自己降低标准去适应工作，而应按自己的才华提升工作标准，不要干削足适履的傻事。

和谐难得，但和谐又从何而来。只要我们以一种好的心态去待人接物，无论是生活还是工作，和谐便至。我们更应好好珍惜这难得的和谐。

　　战国时代，在长城外住了一位老翁。有一天，老翁家里养的一匹马无缘无故走失了。在塞外，马是负重的主要工具，所以，邻居都来安慰他。这位老翁却很不在乎地说："这件事未必不是福气！"过了几个月，走失的那匹马居然带了一匹胡人的骏马回家，这真正是赚了，邻居都来庆贺。这位老翁却说："这未必不是祸！"几个月后，老翁的儿子骑这匹胡马摔断了大腿骨，邻居们佩服老翁的料事如神之余也赶来慰问，而这位老翁却毫不在意地说："这倒未必不是福！"事隔半年，胡人入侵，壮丁统统被征调当兵，战死沙场者十之八九，而老翁的儿子却因为摔断了一条腿免除兵役而保住一命。塞上老翁这种透过长远时空、利弊并重的思考问题的方式，产生"不以物喜，不以己悲"的平常心，遂成为中国传统文化中睿智的典型。这种平常心带来了生活中的和谐，宽容心不也是如此吗？世上有走不完的路，也有过不了的河。遇到过不了的河掉头而回，这也是一种智慧。但真正的智慧还是不要因为小挫折而灰心丧气，最后影响了你的人生脚步。

　　历览古今，抱定"不以物喜，不以己悲"这样一种生活信念的人，最终都实现了人生的突围和超越。处在纷繁复杂、变幻莫测世界的我们，不是更需要这种精神吗？只有这样，才有我们的立足之地。

有充满信心的思考，就要有充满信心的行动

　　你知道以下三个人有什么共同之处吗？一个是在 1914 年的达特拉赛车大会上创下世界纪录的赛车手；一个是在第一次世界大战中击落德国飞机次数最多的飞行员；一个是在第二次世界大战中，因为飞机坠落在太平洋上，最后凭借救生艇漂流 22 天的盟军统帅顾问。

他们的共同点是，所有的奇迹都发生在一个人身上，他就是艾迪·里肯贝克。

20岁时他在赛车场学做技工，22岁时成为职业赛车手，两年后创下了赛车速度的世界纪录。在一战时期，作为飞行员，他创下200小时空战的美国空军作战纪录，连续134次空战未被击落，打下26架飞机。

他说："勇敢就是做你害怕的事。"这份果敢在和平时期照样使他成为传奇人物。1932年，他受聘为东方航空公司副总裁，在当时航空界普遍亏损的情况下，他只用了不到两年时间就扭亏为盈，并主政东方航空公司达30年之久。他的儿子威廉在他去世前对记者说："他有一句终生奉行的格言，'我会誓死战斗到底'"。

也许你会抱怨自己的资质不够好，阻碍了自己的成功；你经常听到诸如此类的抱怨，"我天生就优柔寡断"，"我可没有他那么勇敢"，"我一生下来胆子就小"。……果真如此吗，没有人一出生就胆子大，所有人都要试着克服恐惧。

究竟什么是恐惧呢？恐惧多半是心理作用，但是它确实存在，并且是成功的头号敌人。行动可以治愈恐惧，犹豫、拖延则只会助长恐惧。当你感到恐惧的时候，朋友们常会好意地安慰你说："不要担心，那只是你的幻想，没有什么可怕的。"但是你我都知道这种治疗恐惧的药方根本起不了作用。这种安慰可能会暂时解除你的恐惧，但并不能真正地帮你建立信心，治疗恐惧。"那只是你的幻想"的老式疗法是假定恐惧只是你的心理在作怪，然而，恐惧不是无缘无故的，它总是有原因的。你害怕从高墙上跳下去，因为你知道那会很疼，所以你会产生恐惧，并且它是真实存在的。因此在我们克服它以前，先要承认它的存在。

恐惧是成功的第一号敌人。恐惧会阻止人抓住机会；恐惧会耗损精力、破坏身体器官的功能，使人生病，缩短寿命；恐惧会在你想要说话的时候封住你的嘴巴，恐惧会使人游移不定、缺乏信心。

它能解释为什么会有经济萧条，为什么这么多人不能成大器，不能过快乐的生活。恐惧确实是一股强大的力量，它会用各种方式阻止人们从生命中获得他们想要的事物。

恐惧多半是心理作用。烦恼、紧张、困窘、恐慌都起因于消极的想象。但是仅知恐惧的病因并不能根除恐惧。正如医生发现你身体的某部分受感染，不会就此了之，而是进一步去治疗。有效的治疗必须对症下药。

首先，你要有一个这样的认识：信心完全是培养出来的，不是天生就有的。你所认识的那些能克服忧虑、无论何时何地都泰然自若、充满信心的人，全都是磨炼出来的。

在第二次世界大战期间，美国海军要求所有新兵一定要会游泳。这些年轻健康的新兵被只有几英尺深的水吓坏的样子十分可笑。有一项训练是从一块离地六英尺高的水板跳进（不是潜进）八英尺或更深的水中，同时有几位游泳好手在旁边监督。那种景象挺可怜的。他们表现出来的恐惧一点也假不了，但是他们唯一能做的，也是唯一能吓退恐惧的方法，就是纵身一跳。有好几个人"不小心"被推了下去，结果就不再害怕了。

这是许多海军士兵所熟悉的经历，它说明了一个要点：行动可以治愈恐惧，犹豫、拖延则助长恐惧。

请立刻在你的成功法则笔记上写下这句话：行动可以治疗恐惧。

1. 克服恐惧的方法

当我们遇到难以解决的困难时，一定要采取行动，否则事情不可能有转机。你行动了，不一定会辉煌，但是如果你犹豫不决、坐以待毙，那你只能品尝失败的苦果。希望是个开端，但要靠行动才能赢得胜利。希望获得胜利的人，要遵循"行动可以治疗恐惧"的原则。

下次当你遇到恐惧时，不论是轻是重，你都要先保持冷静。然后再去想"我该采取什么行动能克服恐惧"

下面的两个步骤可以帮助你克服恐惧、隔离恐惧、建立信心，防止它再扩大。与此同时，还要搞清楚你到底在怕什么，只有这样你才能彻底解决问题。

行动起来，无论什么样的恐惧总会有办法解决；

还要记住，犹豫只会加剧你的恐惧，要当机立断，立刻行动起来。

下面所列的是一些常见的恐惧，以及可能的医治行动。如果为仪表感到困窘，那么改进它，到理发厅或美容院去。擦亮皮鞋，洗净衣服，整齐清爽并不一定需要新衣服。如果怕失去一位重要的客户就应该加倍努力提供更好的服务，改掉任何会使客户对你丧失信心的缺点。如果怕考试不及格就把担心的时间用来复习功课。如果怕事情完全超出预料就将注意力转移到完全不同的事上，例如到后院拔草，跟孩子一起玩，去看场电影等。如果怕别人会怎么想、怎么说，那么确信你计划要做的是正确的就去做。因为任何人做任何有价值的事，都不会有人批评的。

2. 克服对别人的畏惧

畏惧别人是一种很严重的恐惧，当然这也是有办法克服的。如果你学会适当的评价他人，就能克服对他们的恐惧。

下面是两种适当评价别人、克服对别人的恐惧的方法：

（1）对别人的看法要保持平衡。与其他人相处时，要记住两点：第一，别人都是重要的，每一个人都是重要的角色。第二，要记住，你也很重要。所以，当你遇到任何人时，要这么想："我们是两个重要的人物，正坐着讨论有关共同兴趣与利益的事情。"

这种态度能帮助你保持平等地看待对方。不必把别人想得比你重要，虽然他们看起来很有分量。但是，请注意：在本质上他跟你有相同的兴趣、嗜好与问题。

（2）学会谅解别人。不时会有人辱骂你、对你咆哮、挑你毛病或使你被动。如果你没有准备，这些就会打击你的信心，使你觉得完全崩溃了。你的确需要采取一些措施来防范那些外强中干的、蛮横的人。

有人跟你作对时要记住，在这种场合获胜的方法是：控制自己的情绪，让对方尽量发泄，然后再忘掉它。

"行事正当"能使你的良知获得满足，有助于建立自信。"行事出轨"会导致两种消极的结果：第一，罪恶感会腐蚀我们的信心；第二，别人迟早会发现而不再信任我们。

下面这个心理学原则值得反复研读：要建立信心，就要行为端正。

许多心理学家都告诉我们，我们能借着改变实际行动来改变我们的心态。例如，如果你使自己发笑，你就会觉得真的很好笑。当你挺直腰背时，你就会觉得自己很优秀。相反，你一脸苦相，看看会不会真的感到苦闷。

要证明控制行动能改变情绪很容易。自我介绍时总感到很害羞的人，在同时采取三种很简单的行动以后，信心就会代替胆怯。第一，伸出手来热切地握住对方。第二，正视对方的眼睛。第三，说"我很高兴认识你"。

这三种简单的行动马上能自动驱除害羞感。有信心的行动会产生有信心的想法。所以，若要有充满信心的思考，就要先有充满信心的行动，并且要照你希望的方式来行动。

勇敢地把帽子扔过高墙

一天，几个小孩比赛翻墙，有个叫小志的男孩翻了几次都没有成功。他正要离开时，一位老爷爷走过来说："小家伙，别泄气，这墙你能翻过去的。"

小志摇了摇头。

老爷爷说："你想翻过去，我有办法。"说着便摘下他头上的帽子，顺手扔过了墙。

小志一看，别的小孩都走了，恼怒地叫嚷："坏老头，你是个坏老头！"

"说啥也没用，你现在必须翻过去，才能拿到你的帽子。"老爷爷说完扬长而去。

这时，小志面对高墙，不翻也得翻，经过几番努力，终于从高墙上翻过去了。

小志长大后，在新加坡开办了一个纺织厂，不幸的是一场大火把工厂烧成灰烬，一夜之间他又变成了穷光蛋。他决定返回宁波老家去，想在那儿过个平安日子。就在动身时，他忽然想起小时候翻墙捡帽子的事。顿时他眼前一亮，产生了背水一战的决心，最终打消了回家的念头。他领着两个伙计来到马来西亚的一个岛上，先在一家农场打工，经过 io 年的拼搏，终于创建了自己的农庄。后来，他深有感触地说："老爷爷扔了我的帽子，我却捡回一个智慧。"

不给自己留后路，将自己逼入"死胡同"，就好比打仗时背水一战。传说从前有个将军，以寡敌众，为求必胜，他用船将士兵载往敌岸，卸下装备之后，便下令烧船。拂晓攻击之前，他严肃地对士兵们说："你们都看见了，我们所有的船只都烧毁了。现在我们没有任何的退路，这一仗我们是非胜不可，否则我们没有一个人可以活着离开这里。我们现在只有两条路一不是胜利，就是死亡，再无其他的选择。"

战斗打响了，士兵们表现出从来没有过的英勇。经过一天一夜的浴血奋战，他们以少胜多，赢得了胜利。

一个目标一旦确立，不在奋斗中死亡，就在奋斗中成功。人在绝境或没有退路的时候，才容易产生爆发力，展示出非凡的潜能。

美国杰出的心理学家詹姆斯的研究表明：一个没有受逼迫和激励的人仅能发挥出他潜能的 20%-30%，而当他受到逼迫和激励时，其能力可以发挥到 80%-90%，相当于前者的 3-4 倍。许多有识之士不但在逆境中敢于背水一战，即使在一帆风顺时，也用切断后路的强烈刺激，使自己在通向成功的路上立起一块块胜利的路标。巴金一生靠稿酬生活，他该拿的职务工资为什么不去拿？居里为什么只要实验室，而不要颁发的勋章？爱因斯坦为什么拒绝当总统，而要献身科学？他们这么做，就是自己逼迫自己去跨越人生的"高墙"。

人生有所得必有所失，有所取必有所舍。只有不断地跨越"高墙"，才能发现可能的境界，从而进入不可能的境界。

我国伟大的地理学家徐霞客，就是一位敢于跨越人生"高墙"的成功者。他的一生，大部分都是在旅途中度过的。他登悬崖、攀绝壁、涉洪流、探洞穴，历经了无数艰难险阻。他在游嵩山时，向当地人打听下山的道路，人家告诉他，下山的路有两条：一条是平坦的大路，另一条是险峻的小道。他毫不犹豫地选择了后者，出没于陡岩丛莽中，经过艰难的跋涉才到山下。经历了这番艰险，他感慨地说："人家说嵩山没有什么可游的，只是没有看到险峻的地方。"他的话道出了一个成功者的智慧。徐霞客在人生的道路上不断地激励自己，逼迫自己，主动地给自己制造逆境，终于越过了"高墙"，看到了自然界的美景。他撰写的《徐霞客游记》是世界上第一部系统地研究岩溶地貌的科学著作，比欧洲人的此项考察早了二百多年。人们评价这部游记是"世间真文字、大文字、奇文字"。

成功是个人的选择，只有选择成功的人，才能成功。如果我们想在最恶劣、最不利的情况下取胜，最好把所有可能退却的道路切断，有意识地把自己逼入绝境。只有这样才能保持必胜的决心，用强烈的刺激唤起那敢于超越一切的潜能。

失败也是个人的选择，失败者是因为放弃了成功的选择而失败。有些人自甘埋没，对身边的一切事情都作低调处理，以为这最保险，最稳妥，殊不知这是在埋没自己的才能。与其说失败、逆境可怕，不如说留下退路更可怕。一个人天天想着退路，事事考虑稳妥，这个人十有八九会失败。

这个世界永远有新的"高墙"立在你的前面，有新的领域等待你去征服，关键是你敢不敢把"帽子"扔过去。只要你敢扔，就预示着你又离成功进了一步。

每一寸土地都能长出黄金来

我没有钱，但我可以赚。只要你有这样的信心，并朝着它努力的话，总有一天你会成功。

弗兰克森是美国著名的商品零售高手。他于 1879 年开办了美国第一家零售店。他没经商以前生活非常贫困，无论怎么努力，也很难改变困窘的状况。于是，他离开了农场，沿着镇里的店铺挨家访问，想谋求一份店员的工作。然而，老板嫌他没有销售经验，没人愿意雇用他。后来，他来到一个小副食店，因为没有经验，老板只同意给他提供食宿，但没有薪水。

再后来，他到了一家布料店。老板认为他没有经验，不能接待客人，命令他大清早到店里升炉火，然后擦窗子、送货，而且半年内不能领薪水。他说，他在农场工作了 10 年，才存了 50 美元。这些钱只能维持三个月的生活费用，那么至少从第四个月开始，请付我日薪 50 美分吧！

老板答应了，但条件是每天必须工作 15 小时，也就是每小时薪金 3 分钱。他的事业就这样开始了。一年后，他用借来的 300 美元开设了一家商品零售店，销售的全是 5 分钱的货物。十几年后他建立了当时世界第一高楼，即弗兰克森大厦。

在国际上，"希尔顿"是旅馆业的代名词。闻名世界的全球连锁饭店的创始人希尔顿，白手起家，经过艰苦的创业才成就了现有

怕，就会输一辈子

的事业。

老希尔顿创建希尔顿旅店帝国时，曾指天发誓："我要使每一寸土地都生长出黄金来。"

70多年前，希尔顿以700万美金买下阿斯托里亚大酒店的控股权后，以极快的速度接管了这家纽约著名的宾馆。一切欣欣向荣，开始进入正常的营运状态，所有的经理们都认为他已经充分利用了一切生财手段。但是老希尔顿却不放过任何一点可利用的空间。

有一天，他在酒店大堂前停下来，注视着大厅中央那些巨大的通天圆柱。既然这四个空心圆柱在建筑结构上没有支撑天花板的力学作用，那么它们还有什么存在的意义呢？于是，他叫人把它们迅速改造成四个透明的玻璃柱，并在其中设置了漂亮的玻璃展箱。这一构想使四根圆柱不仅具有装饰性，而且还充满了商业意义。

没过几天，纽约的珠宝商和香水制造厂家便把它们全部包租下来，并把自己的产品摆了进去。而希尔顿坐享其成，这四根柱子每年都能收回许多租金。

从前有个人，家里很穷，他决心要改变现状，于是告别父母，千里迢迢来到北方，在大森林里寻找人参。然而，幸运之神并没有光顾他，他在大森林里迷了路，身上带的干粮吃尽了，水也喝光了。他在茫茫无际的森林里，找不到出山的路径，而且随时都有葬身于野兽之腹的可能。

他在森林里漫无目的地走了三天，已经筋疲力尽，奄奄一息。夜幕降临的时候，耳边响起松涛声和野兽的怪吼，无边的恐惧像潮水一样向他袭来。他感到自己快不行了，但是，他不想死在这里，他最大的心愿就是活着走出这片森林。

饿极了，他就随便抓起一把草塞进嘴里，不停地咀嚼，微苦的草汁流进胃里，他感到不那么饿了。他躺在地上数着天上的星星，"一颗、两颗……"他用这种办法来对抗寒冷和饥饿。

不知道过了多久，天慢慢地亮了，万道霞光从森林的枝叶间透进来。采参人漫不经心地看了看他昨夜随手抓过的草，蓦然间在那片草丛中看到了火红的参花！它是那么新鲜，那么耀眼。刹那间，采参人看到了希望。他不仅采到了一棵极为罕见的七品人参，而且沿着太阳的方向，走出了森林。

贫穷虽然不能带来任何利益，但能磨炼人的品性、意志。许多人凭借这些来冲破困境、阻力，打开一条从没有人打开过的通往成功的路。

泰勒出生在美国路易斯安那州一个贫困的黑人家庭，他5岁时开始劳动。泰勒的大多数伙伴都是佃农的孩子，他们都很早就参加劳动。这些家庭认为贫穷是命运的安排，因此，并不要求改善自己的生活。

小泰勒有一点同其他小朋友们不同：他有一位不平常的母亲，母亲不肯接受这种仅够糊口的生活。她时常对儿子说："泰勒，我们不应该贫穷。我不愿意听到你说：我们的贫穷是上帝的意愿。我们的贫穷不是上帝的缘故，而是因为你的父亲从来就没有产生过致富的愿望。我们家庭中的任何人都没有产生出人头地的想法。"

"没有人产生过致富的愿望"，这个观念在泰勒的心灵深处刻下深深的烙印，以至改变了他的一生。他决定把经商作为生财的一条捷径，最后选定经营肥皂。于是，他挨家挨户出售肥皂达12年之久。

后来他获悉供应肥皂的那个公司即将拍卖出售。泰勒很想把它买下，他依靠自己在多年经营活动中树立的良好信誉，从朋友那里借一些钱，又在投资集团那里得到了帮助，共筹集到11.5万美元，但还差1万美元。当他漫无目的地走过几个街区后，看到一家承包事务所的屋子里还亮着灯。泰勒走了进去，看见写字台后面坐着一个因深夜工作而疲惫不堪的人，泰勒直截了当地对他说："你想挣1000美元吗？"这句话吓得这位承包商差一点倒下去。"想，当然想。"

"那么，请你给我开一张1万美元的支票，当我还这笔借款的时候，将另付出 1000 美元利息给你。"当泰勒离开这个事务所的时候，口袋里已经有了一张 1 万美元的支票。

后来，他不仅得到那个肥皂公司，还取得了其他 7 个公司和一家报馆控股权。当有人与他一起探讨成功之道时，他就用母亲多年以前所说的那句话回答："我们是贫穷的，但不是因为上帝，而是我们从来没有想到致富。"

世界上许多人忙忙碌碌，他们的目标几乎都是同样一个，即金钱。金钱困惑着许多人。有些人没有创业的资本，但是具有自身的优势，比如胸怀大志、坚持不懈，不达目标不罢休的坚韧精神、品格等，相信这些会帮助有志者走向成功。

把自己定位"失败者"，你就失去了成功的可能

吉斯出生在美国北部一个小村里，父母是意大利移民。当他还是一个孩子的时候，一场全球的经济萧条席卷了美国，父亲所在的矿山关闭，从此加入到失业的行列中。为了生活，他过早地承担起生活的重担，到一家杂货店工作。从那时开始，他便显露出在推销方面的天赋。很快食品店经理让他干售货员的工作。吉斯当上售货员后，销售额总是最多。他白天卖食品，晚上不厌其烦地清理摊位、打扫卫生。起初，他的报酬只是一些长了黑点的番茄或其他烂水果，后来由于他勤恳地工作，经理主动将报酬改为现金支付，并提高到一天 5 元。

后来，这家连锁店的部门经理发现了这个年轻人，把他调到总店来亲自培养。吉斯初到总店时，工作还是老本行一卖水果。他的水果摊设在最繁华的街道，为了赚取更多的钱，大家都使出浑身解数，拼命拉顾客，竞争非常激烈。由于吉斯很会把握顾客的心理，

销售业绩直线上升。

　　然而，幸运并不总是跟随着一个人的。由于水果冷藏厂起火，有18箱香蕉被烤得皮上生了许多小黑点。为了把损失降到最低，老板加纳先生把这些香蕉交给吉斯，让他降价出售。当时，香蕉的价格是每4磅2角5分。加纳让吉斯将这批香蕉降至每4磅1角5分，甚至再少点也行。

　　第二天，吉斯带着这些"丑陋的家伙"出现在水果摊前，这些香蕉只是外表不好，里面却完好无损，虽然价钱很低，可仍然无人光顾。这可给吉斯出了道难题，他独自品尝着香蕉，突然他发现，这种经过烟熏火烤的香蕉，吃起来还别有一番风味。次日一大早，吉斯摆上香蕉便大声吆喝："快来买呀，新进的阿根廷香蕉，全城只此一家！"听了他的吆喝，许多人驻足观看，吉斯趁机向一位衣着不俗的女士推荐。这位女士买下了香蕉，别人也在这位女士的带动下纷纷来买，18箱香蕉很快以高出市价一倍的价格销售一空。

　　吉斯从做杂货店的小工开始，渐渐地热爱上了推销员这一职业。后来他创建了自己的公司，50岁的时候，他已经是亿万富翁了。

　　许多人都知道，齐藤竹之助是世界首席推销员，也许没有人知道，他的成功是被一笔巨大的债务逼迫出来的。

　　齐藤竹之助57岁的时候参加竞选，竞选失败后欠下3320万日元的巨额债务。对于一个57岁的男人来说，这不是一笔小数目，但他并没有灰心丧气。为了赚钱，他于1957年加入朝日生命保险公司，做了一名业务员。

　　当时朝日生命保险公司大约有两万名推销员，齐藤竹之助暗暗发誓：一定要在其中名列前茅。他拜访的第一个对象是东邦人造丝公司。然而不巧的是，当时在生命保险公司号称"日本第一"的老手渡边幸吉已经来过，齐藤竹之助感到巨大的压力。

　　那天晚上，他回到家中，制订出一份详细的计划。第二天一早，他带上计划，再次拜访东邦人造丝公司。之后他天天去打听情况。

怕，就会输一辈子

最终，由于那份出色的计划和他热情的态度，他拿到了东邦人造丝公司 2000 万日元的合同。他为自己努力的结果而流泪。

在访问东邦人造丝公司的同时，齐藤竹之助还对其他行业的顾客进行了访问，其中有一流公司的干部、中小企业的经理，还有家庭主妇等。只要有一线希望，他就一个个地依次去推销。

为了成为日本第一推销员，他不顾生活的艰苦，从不退缩。功夫不负有心人，5 年后，齐藤竹之助终于在朝日生命保险公司赢得了"首席推销员"的称号。

这一年，他还清了所有借款，生活逐渐富裕起来。这时，他已经 62 岁了。但齐藤竹之助并不满足于已取得的成绩，他没有退下来享清福，而是把职业看成人生一个不可分割的部分。他向自己提出了更高的要求——在日本 85 万名推销员中成为第一。

为了实现这一愿望，齐藤竹之助更加努力地工作，从早到晚，一刻不闲。

1959 年 7 月。齐藤竹之助第一次实现了 1.4 亿日元月销售额，随后，又创造了 2.8 亿日元月销售额的新纪录，成为日本首席推销员。

取得了这些成绩之后，齐藤竹之助又制定了一个目标一他要在推销生命保险的事业中成为世界第一 0

1985 年，他完成了 4988 份合同的签订工作，即使是在生命保险业最发达的美国也从没有人能够取得如此佳绩。齐藤竹之助以 72 岁高龄，登上了世界首席推销员的宝座。

许多人都有一种消极的心态，在失败面前总以为自己不如别人，致使"失败"的感觉一直强烈地占据心灵。

一旦将自己界定为一个"失败者"，我们就已经除去了成功的可能性。曾经失败过并不是问题的所在，而是我们怎么来看待失败。一个乐观的人可能会说"我还没有成功"

爱迪生虽然被认为是一个发明家，但他从不沉浸在喝彩与赞美声中。拿破仑·希尔第一次采访他时，问道："爱迪生先生，你对发明灯泡过程中所产生的无数次失败有什么看法？"

爱迪生回答："对不起，你说什么？请再说一遍。我从来没有失败过。我有过无数次没有成功的经验，而我必须结合足够的经验来找到成功的方法。"

所有的经验，就像学习走路。我们不断地尝试，并不能说我们是失败者。对于大多数人而言，只是还没有足够的经验来让他们成功。

在波涛汹涌、一望无际的大西洋航行时，哥伦布并不知道他将到达哪里，在他的私人航海日记上记着："今天我们继续往西南航行。"

无论怎样，在人生的航路上，我们要永不言败，像哥伦布那样，虽然不知道要去那里，但仍充满信心，勇往直前。

知人善任，借助别人的力量强大自己

大部分成功的人都有一种特长，就是善于观察别人，并能够吸引一批才识过人的良朋好友来合作，激发共同的力量。比如三国时期的刘备，"文不及诸葛，武不及关张"，但他知人善任，最后靠部下的打拼，成为一国之主。

成功者最重要的、也是最宝贵的经验就是：任何人如果想成为一个企业的领袖，或者在某项事业上获得巨大的成功，首要条件就是要有一种鉴别人才的眼光，能够识别出他人的优点，并在自己的事业道路上利用他们的这些优点。

一位银行界领袖说，他的成功得益于鉴别人才的眼力，使得他能把每一个职员都安排到合适的位置上，而从来没出过差错。不仅如此，他还努力使员工们知道他们所担任的位置对于整个事业有着重大的意义，这样一来，这些员工无须监督就能把事情办得有条有理，十分妥当。

　　但是，鉴别人的眼力并非人人都有。许多经营大事业失败的人都是因为他们缺乏识别人才的眼力。他们总是把工作分派给不恰当的人去做。尽管他们本身工作非常努力，但他们常常对能力平庸的人委以重任，冷落了那些真才实学的人，使他们埋没在角落里。其实，这些失败者并不了解，所谓的人才，并不是样样精通，能把每件事情干得很好的人，而是能在某一方面做得特别出色的人。比如说，对于一个会写文章的人，他们便认为他是一个人才，认为他管理人也一定不差。但是一个人能否胜任管理工作，与他是否会写文章是没有丝毫关系的。他必须在分配资源、制订计划、安排工作、组织控制等方面有专门的技能，有时一个文笔出色的人在这些方面的表现未必比一个文盲更出色。

　　世上成千上万的经商失败者，都失败在他们把许多不适宜的工作加到雇员的肩上去，再也不去管他们是否能够胜任，是否感到愉快。一个善于用人、善于安排工作的人在管理上会少许多麻烦，他对于每个雇员的特长都了解得很清楚，也尽力做到把他们安排在最恰当的位置上。但那些不善于管理的人则往往忽视这个重要的方面，而总是考虑管理上一些鸡毛蒜皮的小事，这样的人当然要失败。

　　很多精明能干的经营者在办公室的时间很少，常常在外旅行或出去打球。但是公司的营业未受丝毫不利的影响。那么，他们如何能做到这样省心呢？如果经营者所挑选的人才与他的才能相当，那么他就好像用了两个人一样。如果他所挑选的人才，尽管职位在他之下，但才能却要超过他，那么他用人水平真可算得上高人一等。

　　这不是什么特别稀罕的事情。有许多雇员的办事能力往往要在雇主之上，这些人只要机会一到，就可以立即自创事业。有很多本可以大建功业的人只是因为没有把握好机会，以致一生默默无闻。不少青年人刚开始工作就显示出惊人的才干和做事的能力，但后来因为有了家庭、拖儿带女，便不敢拿出全部的勇气，去像他们的老板那样搏击一番，打下一片新的天空。虽然他们也常常想：如果自己独立奋斗，成就决不会在自己的老板之下。

一个人如果能被委派一种责任重大的工作，同时又为上司所坚决信赖时，他往往容易在艰难环境的压迫下把求胜心切的才识、能力施展出来，也会竭尽全力做到让上司称心满意。反之，如果上司给他安排的工作与他本身的才能志趣不合，同时上司还时时无理地干涉他、不肯完全信任他，那么他对自己的工作一定很灰心，还会觉得在目前的职务上一定不能有大的发展。这样，他就只会每天听着上司的命令，按部就班地工作着，而无法把自己的才能完全用到工作上去。他深知，自己虽然有成就大业的才干和力量，但因为没有得到雇主的信赖，导致自己的才华根本就无法发挥出来。正如《孙子兵法》上说的：如果国君采纳将军的计策，并且授予军权，那么作战就一定能胜利；如果国君不采纳将军的计策，反而处处插手，那么作战就一定会失败。作为将军，这时还是另寻出路的好。

用人是要善于借他人之力，用财也需如此。很多白手起家的富翁就是靠借鸡下蛋才成就一番事业的，不仅在事业的起步阶段，任何时候只要能够运用好"借鸡下蛋"这着棋，就都能让事业和财富有突飞猛进的增长。

任何人的成功都需要帮助。个人的力量是有限的，所有伟大的人物都必须靠着他人的帮助，才有发展和成功的可能。30岁以下的年轻人无论是社会经验、人际关系、工作技能还是资本积累都比不上四五十岁的人，所以，青年人跨入社会的时候更应该学会待人接物、结交朋友的方法，以便互相提携、互相促进，单枪匹马绝对难以发展到成功的地步。

怕，就会输一辈子

246